Schätze im Schiefer

Hans W. Wolf

Schätze im Schiefer

Faszinierende Fossilien aus der Grube Messel

Wissenschaftliche Beratung Professor Dr. Siegfried Rietschel

Wenn die Messel-Tiere vor 49 Mio Jahren
gewußt hätten, was Theunds Gastfreundschaft
ist, hätten sie sicherlich hoffnungsfroh überlebt.
Mit herzlichem Dank
Siegfried, Heidi + Valeska Rietschel
22.3.97

westermann

Danksagung
Dieses Buch kam nur zustande, weil Professor Dr. Siegfried Rietschel seine Entstehung mit Rat und Tat begleitete und weil das Staatliche Museum für Naturkunde, Karlsruhe, Privatsammler und Wissenschaftler uns uneigennützig ihr Material zur Verfügung gestellt haben.

Autor und Verlag

CIP-Kurztitelaufnahme der Deutschen Bibliothek

Wolf, Hans W.:
Schätze im Schiefer: faszinierende Fossilien aus d. Grube Messel / Hans W. Wolf. Wiss. Beratung Siegfried Rietschel. – Braunschweig: Westermann, 1991
ISBN 3-07-509254-1

2. Überarbeitete Auflage 1991

Druck und Bindung: westermann druck GmbH, Braunschweig

ISBN 3-07-509254-1

Inhalt

Dieses Urpferd-Fohlen der kleineren Messeler Art (Propalaeotherium parvulum) gehört zu den besten jemals gefundenen Jungtier-Fossilien. Es hat noch sein Milchgebiß. Von der Schnauzenspitze bis zum Schwanz mißt es 24 Zentimeter.

Vorwort

Die meisten Kulturdenkmale und Naturwunder haben eine bemerkenswerte Vergangenheit. Menschen haben sie geschaffen oder entdeckt; ihre Existenz und Bedeutung drang durch ihre Geschichte und kleine Histörchen ins Bewußtsein der Bevölkerung. Nicht so bei der Grube Messel, die stets nur ein unromantischer Bergbau- und Industriebetrieb war – gäbe es da nicht noch die Fossilien!

Es entspricht durchaus menschlichem Grundverhalten, sich von Unrat zu befreien, indem man Abfälle in Gewässer und Gruben wirft. Was läge demnach näher, als jenes schwarze Loch in der Landschaft nordöstlich von Darmstadt, das sich so günstig im Ballungsgebiet Rhein-Main anbietet, mit den Abfällen einer verbrauchsfreundlichen Zeit zu füllen und anschließend wieder zu begrünen? Müll zerstört ja nicht. Er deckt nur zu. Welche Folgen freilich vergrabener Müll nach sich zieht – insbesondere im Grundwasserbereich –, beginnt unsere Generation gerade erst zu lernen: Unsere Enkel werden unsere Taten büßen.

Von den Messeler Fossilien sprach man früher nicht. Nur wenige Eingeweihte kannten sie, mußten, weitgehend hilflos, feststellen, wie vergänglich jene Schatten und zarten Knochengerüste aus einem fast 50 Millionen Jahre zurückliegenden Erdzeitalter im Ölschiefer bewahrt sind. Vergleiche mit ägyptischen und etruskischen Grabkammern, deren Inhalte teilweise vor den Augen der Ausgräber zu Staub zerfielen, drängen sich auf.

Erst als der Ölschiefer nicht mehr im großen Stil abgebaut wurde und die Gelegenheitsfunde in Messel ausblieben, hat man auf der Basis von Kunststoffen neue Konservierungsverfahren entwickelt und erprobt. Liebhaber-Paläontologen entdeckten die Messel-Fossilien neu, begannen in der stillgelegten Grube systematisch zu graben. Ihnen gebührt das große Verdienst, der Wissenschaft die Augen für die Schätze von Messel endgültig geöffnet zu haben.

Und es sind tatsächlich Kostbarkeiten, die der Ölschiefer umschlossen hält. Seit etwa 15 Jahren wird in der Grube Messel von mehreren Institutionen gegraben und geforscht. Jahr für Jahr kommen neue, teils unerwartete Funde und neue Erkenntnisse hinzu. Forscher aus dem In- und Ausland bewerten Messel inzwischen als einzigartige paläontologische Fundstätte von weltweiter Bedeutung.

Die Kleinodien von Messel dürfen aber nicht nur der Wissenschaft dienen. Wenn die Bevölkerung verstehen soll, warum Messel als Kulturdenkmal bezeichnet wird und warum Messel nicht unter Müll begraben werden darf, dann müssen ihr auch die Fossilien von Messel zugänglich sein und zu einem Begriff werden.

Mit diesem Buch wird ein Kapitel Erdgeschichte für jedermann aufgeblättert. Ein lebendiger Text, vorzügliche Fotos und beste Ausstattung sind dem Autor Hans W. Wolf, dem Fotografen Volker Griener und dem Verlag zu verdanken. Einige Fotos und Fotovorlagen stellten private Besitzer zur Verfügung – die meisten Originale befinden sich im Staatlichen Museum für Naturkunde in Karlsruhe. Unser Dank gilt den Leihgebern und Kollegen für Rat und Unterstützung, besonders aber auch Professor Werner Weißbrodt, der das Messel-Gemälde schuf.

Der zweiten, leicht ergänzten und verbesserten Auflage ist so viel Anklang zu wünschen wie der ersten von 1988. Wir hoffen, daß dieses Buch weiterhin hilft, Kenntnisse über eine der reichsten mitteleuropäischen Fossilfundstätten zu vermitteln und das Bewußtsein stärkt, daß die Grube Messel nicht verschüttet werden darf.

Karlsruhe, im November 1990
Professor Dr. Siegfried Rietschel

Fundgrube Messel

Ein Schaufenster der Erdgeschichte

Die Straßenkarte verschweigt die Grube Messel großzügig. Auch auf der zehn Kilometer langen Fahrt von Darmstadt in nordöstlicher Richtung, durch den Kranichsteiner Forst, läßt keine Halde und kein Förderturm an Bergbau denken. Und noch auf dem Parkplatz neben dem Bahnhof Messel, zweihundert Meter vom Eingang des ehemaligen Ölschiefer-Tagebaus entfernt, fragt sich der Ortsunkundige, wo denn das mächtige Loch wohl liegen mag.

Hier nimmt mich im Sommer 1988 Heinz Eikamp in Empfang, ein Ausgräber der ersten Stunde; heute ist er Grabungsleiter des Staatlichen Museums für Naturkunde, Karlsruhe. Mit Hilfe seines Schlüssels passieren wir ein Tor, wandern vorbei an einer langen Schlackenhalde aus poröser Schwelasche, die das Sonnenlicht in prächtigem Rot aufleuchten läßt. Jetzt endlich öffnet sich der Blick auf die Grube Messel: Zu unseren Füßen erstreckt sich die fast 1000 Meter lange und 700 Meter breite elliptische Mulde von Menschenhand. Rund 28 Millionen Kubikmeter Abraum und Ölschiefer sind hier zwischen 1885 und 1971 abgegraben worden. Zurück blieb ein gigantisches Loch, eine mächtige Narbe in der Landschaft.

Vom 170 Meter über NN gelegenen Grubenrand fallen die Hänge mehr als 70 Meter tief zur Grubenmitte ab – nicht gleichmäßig, sondern deutlich gegliedert in Treppen mit mächtigen Stufen. Der Bergbau hat diese jeweils rund zehn Meter dicken Bermen oder Sohlen geschaffen. Auf ihnen standen einst die schweren Maschinen, mit denen der Ölschiefer gebrochen wurde. Die tiefste Sohle, die sechste, bildet heute den festen Grund der Grube Messel.

An diesem Morgen leuchten die Bäume und Sträucher auf dem Grubengelände in frischem Fühlingsgrün. Gelb blühender Ginster auf den Hängen bildet einen wirkungsvollen Kontrast zum grauschwarzen Boden. Auf der untersten Sohle schimmern ein paar winzige Wasserflächen. Vögel schießen durch die Luft – die Grube ist seit ihrer Stillegung im Jahre 1971 ein kleines Naturparadies mit mehr als 150 Vogelarten geworden.

Auf der Nordwest- und Nordseite, unterhalb der mächtigen Abraumhalde der Baustoffirma Ytong, erkennt man einzelne Zelte und Schutzdächer und verstreut einige kleine Menschengruppen: Auch an diesem Feiertag suchen die Grabungsteams in der Grube Messel wieder nach versteinerten Schätzen im Schiefer. So war es schon, als ich vor gut dreizehn Jahren zum ersten Mal hierher kam. Doch vieles hat sich seither verändert.

Der Weg vom Grubenrand hinab schien damals noch gefährlicher: Nur schmale Saumpfade und steile, schlammige Fahrwege führten über die rutschigen Hänge hinunter zum Ufer eines Sees, der die Niederschläge der Umgebung sammelte und die gesamte Grubensohle bedeckte. Heute windet sich in mächtiger Kehre das breite Asphaltband einer festen Straße zur sechsten Sohle hinab. Der See ist verschwunden; man hat ihn 1985 abgepumpt, um mit der Einrichtung einer Mülldeponie beginnen zu können. Mittlerweile ist fast die Hälfte der Grubensohle von einer grauen, mehrere Meter mächtigen Schotterschicht bedeckt, aus der ein Pumpenschacht herausragt. Geht alles nach Plan, dann soll hier demnächst der erste Müll abgelagert werden.

Die neuen Gebäude über dem südwestlichen Grubenrand hat es damals ebenfalls noch nicht gegeben. Eine Waage und die Entladestelle für ein halbes Dutzend Müllfahrzeuge warten – bisher vergebens – auf Kundschaft. Die Kläranlage für das Sickerwasser aus der Mülldeponie und auch das Verwaltungsgebäude des Zweckverbandes Abfallbeseitigung Süd (ZAS) sind schon seit einiger Zeit betriebsbereit.

Uns zieht es jedoch hinüber auf die andere Seite – zum Nordwesthang. Ein aufgespanntes Zeltdach zeigt, wo die erste Grabungsstelle liegt. Vorsicht ist geboten, denn auf dem abschüssigen, von lockerem Ölschiefer bedeckten Trampelpfad kann man

Blick auf die Grube Messel etwa von Südwesten. Links oben Betriebsgelände und Abraumhalde der Firma Ytong. Vorne das Haldengelände der Firma Gelsenrot mit den roten Brennrückständen der früheren Ölschieferverschwelung und die neuen Müll-Abfüllanlagen. Im Mittelgrund, am Ende der S-förmigen Zufahrtstraße, erkennt man den mit einer Dränageschicht abgedeckten Teil der Grube, auf dem der erste Müll abgelagert werden sollte. Die hellen Flecken auf dem Hang kennzeichnen einzelne Grabungsstellen.

Eine Gruppe von winzigen Blüten unbekannter Verwandtschaft.

leicht den Halt verlieren. Dann stehen wir vor einem Aufschluß: Fünf Meter lang und einen Meter hoch ist die Wand aus zahllosen übereinander gepackten dünnen Schichten von Ölschiefer. Die senkrechten Risse sind beim Austrocknen des Materials entstanden. Davor liegen vielleicht zwanzig Quadratmeter Grabungsfläche. Der bräunlich-rote Ölschiefer glänzt vor Feuchtigkeit; in bergfrischem Zustand enthält er bis zu 40 Prozent Wasser!

Ein Schild verrät: Hier gräbt das Team des Staatlichen Museums für Naturkunde, Karlsruhe. Vier Männer mit entblößtem Oberkörper gehen ihrer schweißtreibenden Feiertagsbeschäftigung nach. Fossilien freizulegen ist harte körperliche Arbeit; außerdem brennt an diesem Frühlingstag die Sonne gnadenlos herunter und heizt den dunklen Boden in der fast windstillen Grube kräftig auf. Gelegentlich sucht einer der Männer ein wenig Schatten unter dem aufgespannten Zeltdach. Dort werden auch die geborgenen Versteinerungen feucht und die Bierflaschen kühl gehalten ...

Das Karlsruher Team ist ein erfahrenes Quartett: Das Losstemmen der Schichtpakete, das Aufstellen und grobe Spalten, das „Aufblättern" der millimeterfeinen Ölschieferplatten, die fachmännische Prüfung der Schichtflächen – das alles geschieht zügig und ohne viele Worte. Zum Schluß wirft man das taube Material über den steilen Sohlenrand hinunter – auch Fossiliensucher produzieren mit der Zeit ganz ansehnliche Abraumhalden.

50 Meter weiter folgt die nächste Grabungsstelle. Die Claims sind mit Bändern abgesteckt und ordentlich beschildert: Hier schürft Darmstadt, dort das Frankfurter Senckenberg-Institut, weiter drüben Brüssel und Hamburg. Man kennt sich, tauscht gelegentlich Erfolgsmeldungen und Erfahrungen aus – und betrachtet jeden Unbekannten mit einer gewissen Skepsis: Obwohl schon seit 1975 ein Zaun die Grube Messel umgibt, dringen immer wieder „wilde" Ausgräber in die berühmte Fundstelle ein; auf den sorgfältig angelegten Grabungsplätzen der wissenschaftlichen Institute hausen sie dabei nicht selten wie die Vandalen.

Die Paläontologen haben es ohnehin nicht leicht, immer wieder geeignete Claims zu finden. Am Grund der Grube, auf der sechsten Sohle, hatten sie eine Zeitlang mit hervorragendem Erfolg gegraben. Jetzt steht dort wieder das Wasser – gerade so hoch, daß es zwar nicht die aufgeschüttete Deponiefläche gefährdet, wohl aber die Fossilsuche an den alten Plätzen unmöglich macht.

Übrigens ist längst nicht jede Stelle in der rund 700 Hektar großen Grube zur Fossilsuche geeignet. Ob das für die Sicherheit im ehemaligen Tagebau verantwortliche Bergamt seine Zustimmung zu bestimmten Grabungsarealen erteilt, hängt wesentlich davon ab, wie stark der Ölschiefer an der betreffenden Stelle „einfällt", das heißt, ob er eher flach liegt oder steil aufragt. Da gibt es große Unterschiede: Das „mittlere Einfallen" schwankt von durchschnittlich 26 Grad im nordwestlichen Grubenabschnitt bis zu 61 Grad im Osten. (Nur auf der Grubensohle liegt der Ölschiefer einigermaßen waagrecht.) Je steiler der Einfallwinkel ist, desto eher kommt es zu gefährlichen Bewegungen im Hang.

Rutschungen gehörten insbesondere zu den Zeiten des Ölschiefer-Abbaus zu den größten Problemen. Zwar sind die Grubenhänge seit der Einstellung des Tagebaus im Jahre 1971 weitgehend zur Ruhe gekommen, doch Eikamp weist mich auf eine Stelle in der Südwestecke hin, wo die Bäume eigenartig windschief stehen – ein Hinweis auf schleichende Bewegungen im Untergrund.

Tagesgespräch unter Wissenschaftlern, Grabungsleitern und „Mannschaften" ist heute die Ankündigung des Darmstädter Bergamtes, man werde in den nächsten Tagen mehrere Ausgrabungsplätze wegen Rutschungsgefahr schließen. Den Paläontologen drohen am Rande zukünftiger Müllberge die

Das Blatt eines Nußbaumgewächses, Länge etwa sieben Zentimeter. Bei diesem Transferpräparat ist die Blatthaut abgelöst und zur mikroskopischen Untersuchung der Spaltöffnungen auf einen Objektträger aus Kunststoff übertragen worden.

Grabungsflächen auszugehen. Dabei sollten sie – so sah es der Planfeststellungsbeschluß vor – noch mindestens 20 Jahre lang in der Grube Messel systematisch nach Fossilien graben können, auch wenn die geplante Mülldeponie eingerichtet würde. Nun haben sie bereits ohne Deponie die größte Mühe, immer wieder neue Fenster zur Erdgeschichte zu öffnen.

In der Südwestecke der Grube weisen graue Verfärbungen an der Oberfläche auf ein weiteres Problem hin: Während der wärmeren Jahreszeit entwickeln sich an manchen Stellen gelegentlich Schwelbrände, wenn sich der Ölschiefer aufgrund seines hohen Gehalts an organischen Stoffen und Pyrit, einem stark schwefelhaltigen Mineral, selbst entzündet.

Für politischen Zündstoff sorgen hingegen seit Jahren die Pläne, die Grube Messel als zentrale Mülldeponie für Südhessen auszuweisen. Daß es sogar bis zu einem Planfeststellungsbeschluß kommen konnte, hängt wohl auch damit zusammen, daß die Bedeutung dieser Fundstelle immer nur einer kleinen Gruppe von Wissenschaftlern und Fossilfreunden bekannt war. Die breite Öffentlichkeit blieb draußen vor dem Zaun – sie durfte die Grube in der Regel nicht betreten; das Bergamt hätte das schon aus Sicherheitsgründen nicht zugelassen.

Mitte der siebziger Jahre begannen Wissenschaftler und Amateure mit einer intensiven Kampagne zur Rettung der Grube Messel: Sie veranstalteten Symposien und Wanderausstellungen, initiierten Fernsehsendungen sowie unzählige Presseberichte; Eikamp und Elfriede Köhler, die drüben in Messel das kleine, aber feine Messel-Museum leitet, organisierten in der Vergangenheit eine große Zahl von Exkursionen in die Grube Messel. Auf diese Weise haben einige zehntausend Menschen die weltberühmte Fundstelle aus eigener Anschauung kennengelernt. Sie erfuhren von großartigen Funden und vom einzigartigen wissenschaftlichen Rang der Messeler Fossilien.

Inzwischen hat sich das Rad der Geschichte ein wenig weiter gedreht. Die Paläontologen konnten von Notgrabungen zu geregelten wissenschaftlichen Grabungen übergehen. Und die Hoffnung scheint berechtigt, daß die Grube Messel auf lange Zeit als Fundstätte erhalten bleibt.

Der See von Messel

... und die Zeit der Morgenröte

Saurier beherrschten rund 150 Millionen Jahre lang das Leben auf unserer Erde. Ihr scheinbar unaufhaltsamer Aufstieg hatte vor etwa 225 Millionen Jahren mit der Trias begonnen, dem ersten großen Abschnitt des Erdmittelalters (Mesozoikum). Damals schickten sich die Ichthyosaurier an, die Vorherrschaft im Meer anzutreten. Während der Jurazeit (etwa 190 bis 135 Millionen Jahre vor heute) eroberten mächtige Flugsaurier sogar den Luftraum; und Saurier waren es, die die Urahnen der Vögel stellten. In Jura- und Kreidezeit schließlich, dem letzten Abschnitt des Erdmittelalters, entwickelten sich die Dinosaurier zu tonnenschweren, bis zu 20 Meter langen Giganten – bis sie am Ende dieser Epoche, vor etwa 65 Millionen Jahren, urplötzlich verschwanden; bis heute weiß niemand genau warum.

Das Ende der Saurier wurde zur erdgeschichtlichen Wendemarke, zum Beginn eines neues Erdzeitalters, eben der Neuzeit (Neozoikum). Die Saurier hatten durch ihren plötzlichen Abgang eine Art Machtvakuum hinterlassen, in das nun andere Tiergruppen einzudringen begannen. Besonders erfolgreich waren dabei die Säugetiere. Obwohl ihre Wurzeln bis in die späte Trias zurückreichen, von heute an gerechnet vor rund 200 Millionen Jahren, spielten sie doch während des Erdmittelalters nur eine höchst untergeordnete Rolle – zu übermächtig war die Konkurrenz der Saurier.

Von ihr befreit, konnten sich die Säuger im Laufe der Erdneuzeit immer stärker ausbreiten. Im Paläozän (vor 65 bis 52 Millionen Jahren) entwickelten sich die ersten Raubtiere und Nager. Die nächste Epoche der Erdgeschichte, das Eozän, brachte eine geradezu explosionsartige Entfaltung der Säuger. Damals traten die ersten Rüsseltiere auf, begannen Zahnwale und Urwale das Wasser zu erobern, und auch die frühesten Vorfahren der Huftiere – und damit der Rinder und Pferde – hinterließen erste fossile Spuren. Was damals geschah, fanden die Paläontologen so eindrucksvoll, daß sie die Zeit zwischen 52 und etwa 38 Millionen Jahre vor heute als Zeitalter der Morgenröte bezeichneten; für diesen Namen hatte die griechische Göttin Eos Pate gestanden. Tatsächlich begann mit dem Aufstieg der Säugetiere eine neue Phase in der Evolution des Lebens.

Ziemlich am Anfang dieser Periode hat sich auch jener See nordöstlich des heutigen Darmstadt entwickelt, dessen Überreste uns heute in der Grube Messel einen so einzigartigen Einblick in das Leben vor 50 Millionen Jahren vermitteln. Damals, genauer: zur unteren Mittel-Eozän-Zeit, waren Land und Meer noch ganz anders verteilt als in der erdgeschichtlichen Gegenwart. Wo sich heute zum Beispiel die Norddeutsche Tiefebene erstreckt, brandeten von Norden her die Fluten des Nordmeeres an eine Küste etwa im Bereich der Nordgrenze unserer Mittelgebirge. Nach Osten erstreckte sich ein Meeresarm und verband das Nordmeer mit dem Sibirischen Ozean. Das europäische Festland glich mehr einem stark zergliederten Archipel als einer zusammenhängenden Landmasse. Von der Auffaltung der Alpen war noch nichts zu sehen.

In dieser Zeit begann sich auch der Rheingraben abzusenken. Als eine Art tektonischen Vorgeplänkels kam es, nach der vorherrschenden Theorie, im Bereich der welligen Landschaft zwischen dem Odenwald im Osten und dem Pfälzer Wald im Westen zu einer Vielzahl kleinerer örtlicher Grabenbrüche. Dabei entstand eine richtige „Seenplatte". Der Messeler See war also keineswegs das einzige, allerdings wohl das größte dieser Stillgewässer; im Umkreis von einigen Kilometern gab es noch eine ganze Anzahl kleinerer Seen. Wahrscheinlich waren sie untereinander durch ein System von Bächen und Flüssen verbunden. Der Messeler See dehnte sich gewiß weiter aus, als es die Gruben-Maße und die Ölschiefer-Vorkommen heute anzeigen – die einstige Uferlinie ist wohl durch Erosion verlorengegangen.

Der eozäne See von Messel in einer Darstellung, die auf der Hypothese eines Kratersees beruht. Im Hintergrund ein steiles Ufer mit Urwald, nur durch eine Gebüschzone vom See getrennt. Die sommerliche Algenblüte färbt den See grün.
In der Mitte der Abfluß des Sees mit Seerosen und anderen Uferpflanzen. Links oben ein Halbaffe, darunter eine große Boa, die einen Frosch verschlingt. Den Krokodilen gegenüber zwei Wasserschildkröten. Auf dem Baum eine waranartige Echse (Eolacerta). *(Seite 14/15)*

Eine reiche tropisch-subtropische Flora umgab das Gewässer, dessen genaue Größe wir nicht mehr ermitteln können. Funde von Pflanzenresten und von fossilen Krokodilen lassen darauf schließen, daß es damals in Südhessen bedeutend wärmer war als heute: Statt neun Grad dürften die Temperaturen im Jahresmittel etwa 21 Grad Celsius betragen haben. Wie läßt sich das erklären?

Während des Erdmittelalters herrschten auf der gesamten Erde viel höhere Durchschnittstemperaturen als heute. Selbst die Polargebiete waren durch ein relativ warmes Klima mit reicher Vegetation gekennzeichnet. Im hohen Norden Kanadas, auf der Insel Ellesmere Island, fanden die Paläontologen versteinerte Krokodile aus dieser Epoche; die großen Reptilien gehören zu den klassischen wärmeliebenden Tieren. Zwar begann das Klima schon am Ende des Erdmittelalters, während der Kreidezeit, abzukühlen, und im Tertiär verstärkte sich diese Tendenz. Dennoch war es im Eozän von Messel noch viel wärmer als heute. Etwas anderes kam hinzu. Im Laufe der Erdgeschichte haben die Kontinente weite Wanderungen an der Oberfläche unseres Planeten zurückgelegt. So lag der See von Messel im Eozän noch auf 40 Grad nördlicher Breite – und damit so weit südlich wie heute etwa Neapel! Damals gediehen in der Gegend von Messel Palmen, Lorbeer- und Walnußgewächse, und tropische Tiere fühlten sich dort offenbar ausgesprochen wohl.

Den See von Messel umgab ein dichter tropisch-subtropischer Urwald. Schmetterlinge, Vögel und Fledermäuse schwirrten durch die Luft. Am Boden suchten Urpferde und Tapire nach Nahrung; Schlangen hingen von den Bäumen herab. Kleine Säuger turnten durchs Geäst oder flitzten am Boden hinter Beute her. Am Ufer lauerten Krokodile. Schildkröten suchten im Wasser nach Nahrung.

Doch unter der schimmernden Oberfläche des ruhigen Sees tummelten sich nur wenige Fische. Dichte Algenmatten bedeckten ihn. Das warme Klima ließ diese grüne Schicht kräftig wachsen. Die toten Algen sanken in Massen auf den Grund. Dabei wurden sie teilweise von Bakterien abgebaut, ein Vorgang, der den Sauerstoff verbrauchte. Und so waren die oberen Wasserschichten sauerstoffarm, und am Seeboden herrschte sogar extremer Sauerstoffmangel. Ausgerechnet diesen lebensfeindlichen Bedingungen verdanken wir zum guten Teil Messels einzigartigen Reichtum an versteinerten Tieren und Pflanzen.

Von den umstehenden Bäumen fielen Blätter, Zweige und Blütenteile in den See. Immer wieder stürzten Tiere beim Flug über den See ins Wasser und ertranken. Auch für viele Uferbewohner wurde der See zum Grab – und natürlich starben auch manche Wasserbewohner im See. Es gab Zuflüsse, mit denen Pflanzenteile und Tierleichen in den See geschwemmt wurden. Sie führten außerdem Tonsedimente mit sich, die auf den Seeboden absanken. Daraus entstand in Verbindung mit den organischen Resten, die nach der Verwesung der Algen, aber auch von Pilzen, Pollen und sogar von Bakterien übrig blieben, ein feiner Schlamm und später im Laufe von Millionen Jahren der Ölschiefer von Messel.

Tierkadaver und Pflanzenreste, die auf den Seeboden sanken, wurden nicht wie in vielen anderen Gewässern rasch zersetzt – dazu hätte ausreichend Sauerstoff vorhanden sein müssen. Außerdem bedeckten schon nach kurzer Zeit die feinen Tonsedimente die Organismen und schlossen sie von der Umwelt ab. So wurden ganze Skelette mit Haut und Haaren, Federn, Mageninhalt und die Flügeldecken von Insekten sogar samt ihren prächtigen Farben konserviert und bis in unsere Zeit erhalten.

Beim sauerstofflosen Abbau des organischen Materials entwickelten sich obendrein stinkender Schwefelwasserstoff, Kohlendioxid und Methan. Dieses unangenehme Gasgemisch hielt selbst die wenig wählerischen

Das Schuppentier links vorn leckt Ameisen auf. In einem morschen Baumstumpf zwei Fledermäuse. Am Boden balzt ein Paar der sogenannten Messelrallen. Ein Insektenfresser (Leptictidium) jagt eine Libelle. Das Raubtier Parodectes schaut gebannt auf einen kleinen Vogel. Am Boden darunter ein Urpferd-Paar. (Seite 14/15)

Aasfresser von den Kadavern fern. So wurde der Messeler See unzähligen Tieren nicht nur zum Grab, sondern auch zum schützenden Mausoleum.

Seen, die ein Flußsystem miteinander verbindet – dieses „Szenario“ entspricht der seit längerem gängigen Vorstellung der Wissenschaftler von den einstigen Verhältnissen um den Messeler See. Der Karlsruher Experte Professor Dr. Siegfried Rietschel hat die Diskussion um die Entstehung der Fundstelle durch eine interessante Variante bereichert. Rietschel war bei einer genauen Durchsicht des Messeler Arten-Registers aufgefallen, daß Fauna und Flora viele Lücken aufweisen. So fehlen Wasserbewohner wie Krebstiere, Wasserinsekten und Wasservögel weitgehend. Von den Amphibien gibt es zwar Froschlurche und eine Molchart; aber bisher ist nur eine einzige Kaulquappe entdeckt worden. Rietschel suchte nach einer Erklärung für diese und andere Ungereimtheiten.

Seine Theorie: Der Messeler See ist nicht als Folge eines lokalen Grabenbruchs entstanden, er bildet vielmehr den Einsturzkrater eines Maares, ist also vulkanischen Ursprungs. Trifft dieses Modell zu, dann, so Rietschel, kann man annehmen, daß vulkanische Gase mit konservierender Wirkung zur exzellenten Weichteilerhaltung der Fossilien beigetragen haben – und möglicherweise auch zum Tod einzelner Tiere, die in den Giftschwaden über dem See erstickten.

Normalerweise verlandet ein Stillgewässer nach ein paar hundert oder tausend Jahren. Der See von Messel muß dagegen ein ungewöhnlich hohes Lebensalter erreicht haben. Die geologischen Umstände haben es möglich gemacht. Das Land am Oberrhein sank fortwährend – und, nach der vorherrschenden Theorie, mit ihm der Seeboden. So blieb das Gewässer trotz ständiger Auffüllung über einen langen Zeitraum erhalten. 190 Meter hoch waren schließlich die Ablagerungen am Seeboden. Betrachtet man sie ganz genau, dann setzen sie sich aus einzelnen dünnen Schichten zusammen. Dabei wechseln bitumenhaltige dunkle mit helleren, bitumenarmen Lagen. Dieser Wechsel in der Art der Ablagerungen kann durchaus jahreszeitlich bedingt sein. Geht man einmal davon aus, daß wir es hier tatsächlich mit einer Art Jahres- oder Jahreszeitschichten zu tun haben, dann konnte sich auf dem Grund des Messeler Sees fast zwei Millionen Jahre lang eines der kostbarsten „Archive“ der Erdgeschichte entwickeln.

Die Schichten, die während des Eozäns im See von Messel entstanden, bezeichnen die Geologen als „Messel-Formation“; darunter verstehen sie nicht nur den berühmten Ölschiefer mit seinen Fossilien, sondern auch Sedimente, die vor und nach dem Ölschiefer abgelagert wurden: die „Liegenden“ (unteren) beziehungsweise „Hangenden klastischen Sedimente“. Dieses Schichten-Trio ist keineswegs auf die Grube Messel beschränkt: Die Messel-Formation kommt im Umkreis von einigen Kilometern noch mehrfach vor, zum Beispiel in Urberach, bei Gundershausen und Offenthal. Auch die Grube „Prinz von Hessen“, ein ehemaliger Tagebau, der nur drei Kilometer südlich der Grube Messel liegt und heute mit Wasser gefüllt ist, enthält Ablagerungen eines kleinen mitteleozänen Sees. Keines dieser Vorkommen weist allerdings auch nur annähernd eine so reichhaltige fossile Fauna auf wie Messel.

Die Ablagerungen des Messeler Sees sind zudem offenbar rechtzeitig so tief abgesunken, daß sie von der Erosion in der Nähe des Rheingrabens verschont blieben. Andererseits kam diese Absenkung ebenfalls rechtzeitig wieder zum Stillstand; sonst wäre die Fund-Grube Messel vielleicht in ähnlich unerreichbare Tiefen verschwunden wie der Ölschiefer von Stockstadt am Rhein, rund 25 Kilometer südwestlich von Messel, der erst in mehr als 1700 Meter unter der Erdoberfläche erbohrt wurde. Immerhin deutet dieses Vorkommen an, wie weit die Messel-Formation ursprünglich verbreitet war.

Ein Krokodil im Braunkohleflöz

Am Anfang stand der Bergbau

Erze, Energie und chemische Rohstoffe waren gefragt, als Mitte des vorigen Jahrhunderts in Europa die industrielle Revolution ihren unaufhaltsamen Siegeszug antrat. Im Gebiet von Messel hatte man hier und da schon Braunkohle entdeckt, und so beantragte 1836 eine Gesellschaft die Konzession zur Suche nach Braunkohle im Raum zwischen Offenbach und Darmstadt. 1858 wollte es der Zufall, daß Forstarbeiter in der Nähe des Bahnhofs Messel unter umgestürzten Bäumen Raseneisenerz fanden. Bereits 1859 wurde das Grubenfeld Messel I „auf Eisenstein verliehen", wie es in der bergmännischen Fachsprache heißt; der Antragsteller durfte dort also nach dem begehrten Metall graben. 1862 erweiterte er sein Abbaugebiet um das unmittelbar südlich anschließende Grubenfeld „Messel II". Verschiedene Beobachtungen veranlaßten den Eigentümer zu Grabungen nahe der Bahnstation Messel, und dabei kam Braunkohle zum Vorschein; 1875 wurde deshalb die Eisenstein-Konzession auf Braunkohle ausgedehnt. Aber die Kohle war viel zu schlecht, als daß die Darmstädter Haushalte davon hätten Gebrauch machen können.

Vor 1883 hatten die beiden Grubenfelder mehrfach den Besitzer gewechselt. In diesem Jahr kaufte sie der Frankfurter Bankier Cäsar Straus – ein Ereignis, das für die Zukunft der Grube Messel entscheidende Bedeutung gewinnen sollte. Straus, ein weitsichtiger Unternehmer, erwirkte die Genehmigung zur Anlage einer „Braunkohlen-Theer-Schwelerei".

Acht Jahre zuvor, im Januar 1875, hatte R. Ludwig im „Notizblatt des Vereins für Erdkunde und verwandte Wissenschaften zu Darmstadt" folgende Mitteilung veröffentlicht:

„In der Nähe der Eisenbahnstation Messel wurden unter 1,6 bis 3 Meter Sand und einschüssigem Sandstein Braunkohlen aufgefunden, welche in der oberen, etwa 1 Meter dicken Partie mulmig, tiefer dickschieferig sind. Die aschereichen Kohlen brennen mit langer gelber Flamme und werden bei geeigneter Einrichtung der Feuerstellen für Brauereien, Brennereien und Oeconomie-Betriebe geeignet sein. Bisher ward kein Fossil aufgefunden, aus welchem das geologische Alter dieser Kohle festgestellt werden konnte. Heute aber wurden in meinem Beisein in dem von Herrn Dr. phil. E. Eberts eröffneten Tagebau Kopf und größere Teile des Körpers sowie vier Panzerteile eines Crocodil's aus den Kohlen herausgegraben. Ich habe diesen Fund zur genauen Untersuchung mitgenommen.

Es geht aus demselben hervor, daß die an 8 bis 9 Meter dick mit Braunkohle ausgefüllte, theils auf Rothliegendem theils auf Syenit liegende, beiläufig 100 Hectare große Mulde zu den oligocänen Bildungen gehört, welche vom Forsthaus Kalkofen über Station Messel, Carlshof, Starkenburg, Weinheim u. s. w. den Westrand des Odenwaldes säumen.
Darmstadt, 30. December 1875"

Es war die erste Mitteilung über Fossilfunde in Messel. Von nun an förderten die wachsenden Bergbau-Aktivitäten immer häufiger Versteinerungen zutage.

1884 wurde in Frankfurt die „Gewerkschaft Messel" gegründet. Sie erhielt 1908 auch die Grab- und Schürfungsrechte für das Feld „Messel Fortsetzung", und im Bereich der nunmehr drei zusammenhängenden Grubenfelder entstanden Fabrikanlagen, der eigentliche Tagebau, aber auch Wohnungen für die Bergarbeiter.

Mit dem Chemiker Adolf Spiegel stellte Straus einen exzellenten Fachmann an die Spitze des Betriebs. Spiegel gelang es, das gerade in anderen Ländern entwickelte Verfahren zur Braunkohle-Destillation erfolgreich auf den qualitativ schlechten, weil wasserreichen Messeler Ölschiefer zu übertragen. Dieses Gestein war mittlerweile unter der nur einige Meter dicken Braunkohlenschicht zutage getreten.

Nun begann der steile Aufstieg der Grube Messel als Rohstoffquelle. Er erreichte seinen

Thaumaturus intermedius, ein in Messel seltener Knochenfisch, ist der kleinste der Messeler Fische. Dieses Exemplar mißt nur etwa sechs Zentimeter. Früher wurde er den Forellenartigen zugeordnet. Heute rechnet man ihn dagegen zu den Knochenzünglern.

absoluten Höhepunkt, als der Tagebau in den zwanziger Jahren nahezu 40 Prozent des Rohöls im Deutschen Reich hervorbrachte. Aus dem Rohöl gewann man Vergaserkraftstoff und Motorkraftöl, Putz- und Leuchtöl, Heizöl und Benzin, aber auch Ammoniumsulfat für die Düngerherstellung. Als Nebenprodukte fielen zum Beispiel Elektrodenkoks sowie Grundstoffe für die Herstellung von Arznei- und Pflegemitteln an.

Dennoch ging es dem Unternehmen nur phasenweise gut: Die Verschwelung war aufwendig und teuer, und bald wurde das erbohrte Erdöl eine übermächtige Konkurrenz, gegen die sich der Ölschiefer – der in Wahrheit kein Öl, sondern Bitumen enthält – auf Dauer nicht behaupten konnte. 1959 übernahm der schwedische Ytong-Konzern die „Paraffin- und Mineralölwerk Messel GmbH". Er stellte 1962 die Ölschiefer-Verschwelung ein und baute die technischen Anlagen ab. Die Ytong hatte schon 1951 damit begonnen, in Messel aus den Schlacken-Rückständen der Ölschiefer-Verschwelung sogenannten Porenbeton herzustellen, den sie zu Bausteinen und Fertigteilen verarbeitete.

Zur Energieversorgung ihrer Produktionsanlage wurde noch bis 1971 Ölschiefer abgebaut. Dann war das Kapitel Bergbau in Messel beendet. In einhundert Jahren hatte man in Messel den Abbau bis in 60 Meter Tiefe vorangetrieben und dabei rund 20 Millionen Tonnen Ölschiefer gewonnen. Würde man das Vorkommen heute bis auf den Grund in 190 Meter Tiefe abbauen, dann ließen sich daraus weitere 300 000 Tonnen Rohöl gewinnen – nicht einmal genug, um einen einzigen der riesigen Supertanker zu füllen. Mit dem Ende des Ölschiefer-Abbaus begann für die Grube eine neue, ungewisse Zukunft.

Während des rund hundertjährigen Tagebaus waren die Arbeiter immer wieder auf Fossilien gestoßen – vor allem in der ersten Abbauphase, als das brüchige Material noch von Hand abgebaut wurde. Einen gewissen Einbruch brachte die Mechanisierung; 1913 nahm der erste motorisierte Löffelbagger in der Grube den Betrieb auf. Beim Sortieren und Zerkleinern des Materials fielen den Arbeitern allerdings immer noch häufig Fossilien in die Hände, die sie laut Vorschrift bei der Werksleitung abgeben mußten.

Dennoch ist aus dieser Zeit – verglichen mit dem Schwäbischen Jura, Solnhofen oder anderen Fundstellen – recht wenig fossiles Material erhalten. Dafür gibt es gleich mehrere Gründe. Arbeiter zerstörten viele Fossilien in Unkenntnis ihrer Bedeutung, oder sie warfen sie auf die Abraumhalden. Hinzu kam ein für Messel typisches Problem: Bergfrische Fossilien aus dem Ölschiefer zerfielen sehr rasch durch Austrocknen an der Luft. Es dauerte bis in die sechziger Jahre, ehe mit der Gießharz-Umbettung das ideale Konservierungsverfahren zur Verfügung stand.

Andererseits bemühten sich die Verantwortlichen durchaus, zu retten, was zu retten war. Vor allem Dr. Spiegel setzte sich dafür ein, daß versteinerte Fische und Vögel, Schildkröten und Pflanzenteile in die Hände der Wissenschaftler gelangten, genauer gesagt ins Großherzogliche Landesmuseum in Darmstadt, das heutige Hessische Landesmuseum, das offiziell mit der Bearbeitung der Messeler Fossilien beauftragt war. Im Tagebau selbst hatte die Werksleitung sogar einen Überwachungsdienst eingerichtet, der die Weitergabe der Fossilien an die Forscher sicherstellen sollte.

Aber es dauerte noch lange, bis an die Stelle zufälliger Funde eine systematische wissenschaftliche Bearbeitung der Grube Messel trat. Dabei hatten spektakuläre Einzelfunde immer wieder den Rang der Fundstelle unterstrichen. So wurde 1911 das erste Urpferd beschrieben, das die Einordnung der Messeler Schichten in das Eozän ermöglichte.

Die erste planmäßige Grabung in der Grube Messel organisierte 1966/67 das Hessische Landesmuseum. Mit der Stillegung des Bergbaus begann dann die große Zeit der

Amateure. Mit enormem Arbeitsaufwand und viel Idealismus gingen die paläontologischen Liebhaber daran, Schätze aus der „Goldgrube Messel" zu bergen. Wer einmal einen Blick in eine Privatsammlung geworfen hat, kann über so manches Prachtstück nur staunen – und vergißt leicht, daß dafür an unzähligen Feierabenden und Wochenenden viele Kubikmeter Ölschiefer durchgearbeitet werden mußten und oftmals wochenlang kein guter Fund zu entdecken war.

Unbestritten haben sich die Amateure um Messel verdient gemacht. Besser als den Wissenschaftlern gelang es ihnen, das Interesse an einer Fundstelle wachzurütteln, die schon damals Weltrang besaß und doch im Grunde noch nicht entdeckt war. Sie entwickelten das Gießharz-Umbettungsverfahren zum „Stand der Technik" für Messel; und sie retteten zahllose wertvolle Fundstücke – für sich selbst und manchmal auch für die Wissenschaft.

Leider hatte der Amateur-Boom auch eine Kehrseite. Vor allem nach dem Auflassen des Tagebaus 1971 strömten jedes Wochenende Hunderte von „Sammlern" in die Grube. Spektakuläre Funde wie ein vollständiger Unpaarhufer hatten die Begehrlichkeit geweckt – die Grube erlebte so etwas wie einen paläontologischen Goldrausch. Die Folgen waren rasch zu sehen: Viele Fossil-Spekulanten, oft nur auf große Funde bedacht, gingen ohne geeignete Ausrüstung vor, zerstörten Grabungsstellen, gefährdeten sich und andere in dem immer von Rutschungen bedrohten Areal – und trieben die Preise für Messeler Versteinerungen binnen kurzer Zeit in schwindelnde Höhen.

Dem Goldrausch folgte der Kater. Der Besitzer wollte nicht mehr für die Sicherheit der Grube haften. Auf Antrag der Ytong AG schloß daher das zuständige Bergamt Ende 1971 die weltberühmte Fundstelle für die Öffentlichkeit. Ein hoher Zaun umgibt seither das Gelände, das nur mit behördlicher Genehmigung betreten werden darf.

Nun gingen die Paläontologen daran, die Grube Messel systematisch zu erforschen. Neben dem Hessischen Landesmuseum war es vor allem das von der Stiftung Volkswagenwerk unterstützte Frankfurter Forschungsinstitut Senckenberg, das sich finanziell und personell gleichermaßen engagierte. Aber auch „ortsfremde" Forschungsinstitute haben tatkräftig daran mitgearbeitet, neue Seiten in diesem unerschöpflichen Buch der Erdgeschichte aufzuschlagen: das Staatliche Museum für Naturkunde, Karlsruhe, Gruppen der Universitäten Hamburg und Tübingen, das Naturkundemuseum der Stadt Dortmund und nicht zuletzt das Brüsseler Institut Royal des Sciences Naturelles de Belgique.

Die konzertierte Aktion der Wissenschaft in Messel hat sich gelohnt. Bei den regelmäßigen Grabungskampagnen kamen ebenso regelmäßig aufsehenerregende Funde ans Tageslicht: von der trächtigen Urpferdstute über den ersten Primaten bis zu neuen Säugetierarten, von Vögeln mit Gefiederschatten und mächtigen Krokodilen bis zur ersten Kaulquappe. Gegenüber den ersten hundert Jahren haben die Forscher seit 1975 ein Vielfaches an Fossilien gewonnen, vor allem aber an Erkenntnissen über Einzelheiten der Erdgeschichte und über das Leben vor 50 Millionen Jahren.

Für die Amateure der Pionierzeit mag ein gewisser Trost darin liegen, daß viele von ihnen heute als Mitglieder wissenschaftlicher Grabungsgruppen wieder regelmäßigen Zugang zu „ihrer" Fundstelle haben und daß sie bei den Wissenschaftlern wegen ihrer Erfahrung und Sachkenntnis geschätzt sind. So mancher von ihnen bringt heute ebensoviel Zeit in der Grube Messel zu wie damals, als die Ausgrabungsstätte noch weitgehend den Amateuren „gehörte".

Der Schatz wird gehoben

Fossiliensuche, Grabung, Präparation

Wo sind die Fossilien? Zielstrebig steigt das kleine Grabungsteam – ein Wissenschaftler, fünf Studenten – vom Rand der Grube Messel hinunter zur sechsten Sohle. Dort sind mit Stangen und rotweißen Bändern Grabungsstellen abgesteckt: 10 bis 20 Quadratmeter große Claims, von denen jedes eine Nummer trägt. Seit die Wissenschaftler bei den Ausgrabungen die Leitung übernommen haben, sucht man mit System. Es geht nämlich nicht allein um große Schaustücke, sondern um jeden kleinsten Fund – und um exakte Daten: Die genaue Fund-Position und der Zustand eines Fossils verraten den Fachleuten zum Beispiel etwas über die Strömungsrichtung im einstigen See oder über die Herkunft des Fossils: Ist das Tier an Ort und Stelle gestorben, oder hat vielleicht ein Zufluß aus der Umgebung den Kadaver hierher verfrachtet? Nur mit Hilfe genauester Beobachtungen läßt sich der ehemalige Lebensraum einigermaßen korrekt rekonstruieren.

An der Grabungsstelle hat eines der schweren Räumfahrzeuge, die auf der tiefsten Sohle den Boden für die Müll-Ablagerung vorbereiten, freundlicherweise noch gestern den losen Abraum weggeschoben. Feucht und fettig glänzt der frische Ölschiefer. Er enthält 40 Prozent Wasser, und wenn er austrocknet, bekommt er rasch Risse und zerfällt zu Staub oder bröseligen Plättchen – und mit ihm vielleicht ein fossiles Insekt, eine Fledermaus oder gar ein Krokodil. Deshalb muß zügig gearbeitet werden, und eine Grabungsstelle sollte auch nicht viel größer als zehn Quadratmeter sein. Im Sommer spannen die Ausgräber ein Sonnensegel über der Abbaustelle auf, damit der Ölschiefer nicht so schnell austrocknet und sie selbst keinen Sonnenstich bekommen.

Natürliche Klüfte im Gestein zerteilen den Ölschiefer in größere und kleinere Platten. Hier setzt man an: Keile werden senkrecht hineingetrieben und vergrößern die Risse. Andere Keile schiebt man zwischen die Schichten. Mit Brechstange und Schaufel heben zwei junge Männer vorsichtig ein Stück Ölschiefer an; es ist vielleicht einen viertel Quadratmeter groß. Kraft und Fingerspitzengefühl sind gleichermaßen erforderlich, denn die Platte soll ja nicht zerbrechen. Jetzt löst sie sich von der Unterlage. Die beiden Studenten – sie absolvieren hier ein Praktikum – richten das etwa zehn Zentimeter starke Stück auf und tragen es ein paar Meter weg von der Grabungsstelle, um den weiteren Abbau nicht zu behindern.

Einer der beiden beginnt mit einem langen Messer den Ölschiefer Schicht um Schicht aufzuspalten, wie man ein Buch aufschlägt. Die Seiten sind nur millimeterdick. Kritisch wandert der Blick über die „hangende" und die „liegende" Platte, die ehemals obere und die untere Schicht. Größere Fossilien sind in der Regel leicht zu erkennen – sie liegen oft frei oder verraten sich durch deutliche Aufwölbungen. Aber Blätter, kleine Insekten oder Federn entdeckt man nur mit einiger Erfahrung an ihrem Glanz oder an der Farbe, die sie von ihrer graubraunen Umgebung abhebt.

Ein paar Stunden lang hat unser Student erfolglos den Ölschiefer umgeblättert – Fossiliensuche in Messel ist eine Sache von Fleiß und Geduld. Weil hier die Fossilien weit gestreut im Gestein vorkommen, bringt's nur die Masse des umgesetzten Materials. Wieder klappt eine der steinernen Doppelseiten auf, und endlich zeigt sich etwas: Rötlich-braun tritt im „Hangenden" wie im „Liegenden" jeweils der Umriß eines Fisches hervor, vielleicht sechs Zentimeter lang. Vorsichtig werden die beiden Platten auf einem möglichst ebenen Stück Erdboden gelagert. Der wissenschaftliche Grabungsleiter kommt hinzu und bestätigt: Ein kleiner Barsch ist da ans Tageslicht gekommen, zufällig genau in der Körpermitte gespalten.

Rasch und routiniert ritzt der Ausgräber in sicherem Abstand vom eigentlichen Fossil eine rechteckige Begrenzung um den Fisch. Mit dem Messer entfernt er danach vorsichtig

Ein Stoß leicht angewitterten Ölschiefers, von Mutterboden bedeckt. Schichtung und Klüfte im Gestein sind deutlich erkennbar. Eisenoxid färbt die Klüfte stark rötlich.

den „tauben“ Ölschiefer außerhalb des Rechtecks. Die ursprüngliche Lage des Fundes wird markiert, neben dem Fisch ein kleiner Nordpfeil und die Fundnummer eingeritzt. Übrig bleibt die „formatisierte“ Platte mit der Versteinerung. Das Gegenstück erfährt dieselbe Behandlung. Beide Platten wandern, damit sie nicht austrocknen, fürs erste in einen bereitstehenden Eimer voll Wasser – die Fische sind wieder in ihrem nassen Element.

Die Grabungsmannschaft hat heute noch größeres Glück. Nach dem kleinen Fisch verraten deutliche Aufwölbungen an der Grabungsstelle, daß etwas Größeres im Ölschiefer steckt. Gemeinsam hebt man die nächste mächtige Platte an und zieht sie vorsichtig zur Seite. Da zeigen sich, zum Teil noch im Ölschiefer versteckt, deutlich skulptierte Panzerplattenteile, die zu einem etwa metergroßen, langgestreckten Körper gehören – ein Krokodil! Hier reicht kein Messer mehr aus: Zum Formatisieren braucht man eine elektrische Kettensäge. Sie schneidet – wieder mit einem gehörigen Sicherheitsabstand um das vermutete Prachtstück herum – eine Platte von etwa 50 mal 150 Zentimetern heraus.

Die Bergung ist schwierig und riskant: Wenn man die Platte bewegt, kann sie unter ihrem eigenen Gewicht zerbrechen. Deshalb baut das Grabungsteam um den rechteckigen Ölschiefersockel herum einen Holzrahmen. Noch an der Grabungsstelle wird das Fossil mit Polyurethan übergossen. Erst wenn das schaumbildende Material ausgehärtet, die Platte stabilisiert ist, kann man es wagen, sie vorsichtig vom Untergrund zu lösen und auf eine ebene, stabile Unterlage zu schieben. Dann beginnt der mühsame und gefahrvolle Transport hinunter über die rutschigen Hänge.

Mittlerweile sind auch noch ein paar Insekten- und Blattfunde „im Eimer“. Sie bekommen eine Fund-Nummer, werden im Grabungstagebuch registriert, in feuchtes Zeitungspapier eingeschlagen und dann in Plastikbeutel gepackt. Damit sie nicht zerreißen und dabei unbrauchbar werden, müssen sie feucht gehalten werden, bis sie der Präparator eines Tages dauerhaft konserviert.

Mit dieser „Zukunftssicherung“ der Messeler Fossilien hatten Wissenschaftler und Amateure jahrzehntelang ihre liebe Müh und Not – ganz anders als die Kollegen in Holzmaden oder Solnhofen mit ihrem härteren Ölschiefer und Jurakalk oder die Bundenbacher im Hunsrück mit ihrem äußerst stabilen Devon-Schiefer. Zwar wurden auch die Fossilien von diesen Fundstellen einst im schlammigen Sediment eingebettet. Doch dieses Material hat sich längst verfestigt und enthält fast kein Wasser mehr. So braucht man es nicht besonders zu konservieren und kann das Fossil direkt herauspräparieren. In Messel dagegen mußten viele vergebliche Anläufe gemacht, zahlreiche Verfahren erprobt werden, bis endlich eine zuverlässige Methode gefunden war, mit der sich das weiche Material verfestigen, das vom Zerfall bedrohte Fossil auf Dauer stabilisieren ließ.

Kehren wir zurück zu *Amphiperca,* unserem kleinen Barsch. Eines Tages holt der Präparator die beiden formatisierten Ölschieferplatten aus dem Magazin. Die feuchten Zeitungen werden entfernt. Der fossile Fisch liegt mit der Innenseite nach oben auf der Fläche. Als erstes umgibt der Präparator den Ölschiefersockel mit einem Rahmen aus Kitt, Modellierton oder Plexiglas, der höher ist als die Platte selbst; das Fossil ruht jetzt sozusagen auf dem Grunde einer flachen Schüssel, deren Boden die Plattenoberseite darstellt. Nun läßt man die Versteinerung antrocknen, wobei oft auch mit einem ganz normalen Fön ein wenig nachgeholfen wird – aber so, daß der Ölschiefer keinesfalls austrocknet, sonst würden Risse rasch die ganze Platte zerstören.

Jetzt gießt der Präparator Lage für Lage eine etwa fünf bis zehn Millimeter starke Schicht von flüssigem Gießharz über die Plattenoberfläche und damit über das Fossil. Blasen steigen auf und zeigen an, daß die

Eine glänzende, kräftige Ganoidschicht überzieht die rhombisch geformten Schuppen dieses Knochenhechts (Atractosteus). Typisch sind die weit nach hinten versetzte Rücken- und Afterflosse.

Fisch-Fund: Der Ausgräber verkleinert die Ölschiefer-Platte auf ein handliches Format.

flüssige Masse in die Hohlräume des Fossils eindringt – nicht jedoch, und das ist entscheidend, in den Ölschiefer! Nun muß das Gießharz aushärten. Wenn es fest ist – Tage später –, wendet der Präparator die Platte und entfernt mit einem Skalpell oder Messer den größten Teil des Ölschiefers. Die Umbettung ist abgeschlossen. Die Versteinerung ruht jetzt sicher auf ihrem neuen Träger, der Gießharzplatte. Noch ist sie teilweise von Ölschiefer bedeckt, der vorsichtig entfernt werden muß.

Nun kann der Präparator mit Bürsten, Nadeln oder mit dem Sandstrahlgebläse das Fossil endgültig freilegen. Die Feinarbeit erledigt er unter dem Binokular, damit auch wirklich keine Fischschuppe beschädigt wird. Endlich zeigt sich unser kleiner Barsch in erstaunlich lebensnahem Zustand. Zur Sicherheit bekommt er noch einen schützenden Überzug aus Zapponlack.

Wozu der ganze Aufwand? Erstens ist das brüchige Fossil jetzt durch und durch mit Gießharz getränkt, das ihm dauerhafte Stabilität verleiht. Zweitens hat das Stück eine sehr viel stabilere Grundlage bekommen: Statt auf porösem Ölschiefer ruht es nun auf einer Kunststoff-Unterlage. Außerdem zeigt der in der Mitte gespaltene Fisch nun auf den beiden Platten seine vorher nicht sichtbaren Außenseiten.

Dieses Verfahren bezeichnet man als „Transfer-Methode", weil dabei das komplette Fossil in seiner ursprünglichen Lage von einem Träger auf einen anderen transferiert, das heißt übertragen wird: vom Ölschiefer auf das Kunstharz. Schon 1950 haben die Engländer H. A. Toombs und A. E. Rixon über „die Verwendung von Kunststoffen bei der Transfer-Methode für die Fossil-Präparation" berichtet. 1962 übertrug der Paläontologe W. G. Kühne das Verfahren erstmals auf Messeler Fossilien. Es gibt zwar auch noch verschiedene andere Präparationsmethoden; aber die Umbettung ist gewiß die bedeutendste. Daß die Transfermethode so rasch die „Serienreife" erlangte, und daß sich dieses ziemlich komplizierte Verfahren bald zum „Stand der Technik" entwickelte – dazu haben auch die Amateure in Messel mit viel Einfallsreichtum und Experimentierfreude beigetragen.

Zunächst verwendete man als Trägermaterial Polyesterharz. Doch dieser Kunststoff hatte einen entscheidenden Nachteil: Weil sich der Harz-Härter im Laufe der Zeit verflüchtigte, kam es in der Trägerplatte zu starken Schrumpfungen. Es bildeten sich Spannungsrisse, die die Präparate zu zerstören drohten. Seit Mitte der siebziger Jahre findet deshalb ein neues Trägermaterial Verwendung: Das Polyesterharz wurde durch Epoxidharz abgelöst. Bei diesem Harztyp kann sich der Härter nicht mehr verflüchtigen, er wird vielmehr in das sich verfestigende Harz eingebaut. Epoxidharz schrumpft deshalb fast nicht mehr, und weil es bei der Verarbeitung flüssiger ist als Polyester – es besitzt eine größere Viskosität –, dringt es auch tiefer in die feinsten Fossil-Hohlräume ein; damit hat sich die Qualität der Konservierung noch einmal deutlich verbessern lassen.

Wer Sammlungen von Fossilien aus Messel betrachtet, wird leicht irritiert feststellen, daß manche Fledermäuse oder Fische auf einer sattgelben Trägerplatte ruhen, andere dagegen auf einer weißlich-farblosen Unterlage; und schließlich gibt es auch noch Stücke auf einem grau-braunen Untergrund, der an den „echten" Ölschiefer erinnert. Doch alles sind Messeler Fossilien. Wie's drum herum aussieht, spielt keine Rolle, denn anders als in Holzmaden, Solnhofen oder Bundenbach ruht das Fossil ja nicht mehr im ursprünglichen Gestein, sondern auf einer vollkommen neuen, künstlichen „Matrix". Die scheinbare Ölschiefer-Tönung kommt auch nur daher, daß der Präparator auf der Platte einen Hauch von Ölschiefer belassen hat.

Der fast durchsichtige Kunststoff kann durchaus eine besondere optische Wirkung hervorrufen. Als ich im Frankfurter Senckenberg-Museum zum erstenmal eine Fledermaus mit Hautschattenerhaltung sah, eine aufgestellte Polyester-Platte mit einer Lichtquelle dahinter, wirkte dieses Kleinsäuger-Präparat so transparent und plastisch, daß ich mich nicht gewundert hätte, wenn es im nächsten Augenblick davongeflattert wäre.

Ideal wäre es natürlich, man bräuchte überhaupt kein Trägermaterial und könnte das von beiden Seiten freigelegte Fossil als dreidimensionalen Körper zeigen. Auch solche Präparate gibt es. Das Hessische Landesmuseum zum Beispiel zeigt die beiden flachgepreßten, vollkommen freigelegten Hälften einer Schildkröte, die keiner stützenden Kunststoff-Krücke mehr bedürfen.

Was da grünt und blüht

Pflanzen

Der See von Messel war von einer grünen, wuchernden Wildnis umgeben. Fossile Pflanzenreste gehören deshalb zu den häufigsten Funden im Ölschiefer. Doch sie genießen längst nicht die Popularität wie zum Beispiel die Säugetiere. Der Grund: Die Pflanzen sind bei weitem nicht so exzellent erhalten.

Im Gegensatz zu etlichen anderen Fundstellen liefert Messel keine vollständigen Pflanzen. Einzelne Blätter oder Blüten, pflanzliche Kleinteile oder gar Pollenkörner sind aber nicht nur für den Laien wenig anschaulich; auch den Paläobotanikern (den Wissenschaftlern, die sich mit der Pflanzenwelt früherer erdgeschichtlicher Epochen beschäftigen) bereitet ihre Zuordnung und Bestimmung einige Mühe. In Messel fehlen außerdem Massenansammlungen fossiler Pflanzenreste – stets handelt es sich um Einzelfunde. Das erschwert die gezielte Suche, und ein umfassender Überblick über die einstige Pflanzenwelt will sich nur zögernd einstellen.

Der erste Bericht über fossile Pflanzen aus der Grube erschien 1898. In den folgenden Jahren achteten die Ausgräber wenig auf Blätter und Blüten, und so gibt es nur eine spärliche Zahl von Pflanzenpräparaten aus den frühen Grabungsepochen. Zudem bereitete die Präparation Schwierigkeiten. Heute hoffen deshalb die Paläobotaniker, daß sie noch viele Jahre lang neues Material aus der Grube Messel bekommen. Nur dann können sie die Lücken in ihren Florenlisten und damit auch in ihrem Wissen schließen. Denn vieles, was die Fundstelle „eigentlich" liefern müßte, ist noch nicht gefunden; anderes ließ sich bis heute nicht sicher bestimmen. Dennoch erzählen die Pflanzenfunde bereits viel von den Lebensbedingungen am einstigen See.

Blätter kommen am häufigsten vor. Früher hat man sie hauptsächlich aufgrund ihrer äußeren Merkmale – Blattumriß, Aderung und so weiter – mit bekannten Arten verglichen und zu bestimmen versucht. Heute gibt es zuverlässigere Verfahren. Man untersucht zum Beispiel die Cuticula, die strapazierfähige Schutzschicht über der „Außenhaut" der fossilen Blätter. Unter dem Mikroskop zeigen sie oftmals mit erstaunlicher Genauigkeit die Spaltöffnungen, mit deren Hilfe die Pflanzen den Gasaustausch bewerkstelligen. Die Anordnung dieser Pflanzenorgane ist für jede Art so charakteristisch wie ein Fingerabdruck. Mit diesem Steckbrief lassen sich 50 Millionen Jahre alte Pflanzen bestimmen, die in der Zwischenzeit längst ausgestorben sind.

Die Blattfunde verraten aber nicht nur etwas über die einzelne Art, sondern auch über die Häufigkeit, mit der sie im Einzugsbereich des Messeler Sees vertreten war. Die bedecktsamigen (angiospermen) Blütenpflanzen besaßen demnach gegenüber den nacktsamigen (gymnospermen) Blütenpflanzen ein klares Übergewicht. Funde von Koniferen – es gab Nadelholzgewächse mit langnadeligen Blättern und solche, deren Blätter schuppenartig aussahen – gehören zu den Seltenheiten, wie auch die Blätter von einkeimblättrigen Blütenpflanzen: Stücke von Palmenblättern zählen zu diesen Raritäten.

Zweikeimblättrige Blütenpflanzen füllen dagegen zu Hunderten die Schubladen der Paläobotaniker. Darunter sind die Lorbeergewächse mit besonders vielen Arten vertreten – vielleicht aber nur deshalb, weil der Paläobotaniker Sturm sich seit 1971 mit dieser Pflanzenfamilie so eingehend beschäftigt hat. Für die ebenfalls weit verbreiteten Walnuß- und Eichengewächse stehen genaue Untersuchungen leider noch aus.

Früchte und Samen kommen in Messel ebenfalls recht häufig vor. Berühmtheit erlangten die fossilen Kerne von Weintrauben im Magen von Urpferden: Sie lieferten den Beweis, daß diese eozänen Unpaarhufer neben Blättern auch Früchte fraßen. 46 Formen von Samen und Früchten können die Paläobotaniker heute unterscheiden; neben Weinreben haben auch Rautengewächse, Palmen

Samen mit einer dicken Schale. Durchmesser etwa fünf Millimeter.

und andere Pflanzen solche fruchtbaren Hinweise hinterlassen.

Blütenfunde zählen dagegen zu den seltenen Kostbarkeiten. Der Frankfurter Paläobotaniker Dr. Friedemann Schaarschmidt, der die Bearbeitung des gesamten Messeler Pflanzenmaterials koordiniert, hat festgestellt, daß die meisten Blüten von Palmen stammen – ein wichtiges Klima-Indiz, denn Palmen gedeihen ausschließlich in tropischen bis subtropischen Bereichen. Ihre Blüten werden durchschnittlich kaum einen Zentimeter groß. Andere Blüten gehören zu den Linden-, Ulmen-, Magnolien- und Seerosengewächsen (von den letzteren hat man in Messel sogar recht häufig große fossile Blätter gefunden). Auch Schmetterlingsblütler sind dabei und eine einzige Blüte eines Ahorngewächses.

Bei einigen Blüten zeigte sich unter dem Mikroskop, daß nicht nur ihre Staubbeutel die Jahrmillionen schadlos überstanden haben, sondern auch der Inhalt – Blütenstaub aus dem Eozän. Für die Paläontologen zählen solche Funde zu den Glücksfällen. In Messeler Ablagerungen kommt feinverteilter Pollen zwar recht häufig vor, aber ohne die dazugehörigen Blüten. Und so ist er oft nur schwer oder gar nicht bestimmten Blüten zuzuordnen. Mit Hilfe der Blüte aber läßt sich dann meist auch die Pflanze identifizieren. Dann untersuchen die Palynologen, die Pollenforscher, im Rasterelektronenmikroskop die Merkmale des dazugehörigen Pollens. Jetzt hat der Blütenstaub seinen Steckbrief, und nun können auch isolierte Pollenkörner der richtigen Blütenpflanze zugeordnet werden.

Pollen gehört zu jenen versteinerten Resten, die man nur im Rasterelektronenmikroskop erkennen und bestimmen kann. Heute sind nicht weniger als 147 verschiedene Pollenarten aus dem Ölschiefer von Messel bekannt! Windblütige Arten besaßen gegenüber den von Insekten bestäubten zwar ein deutliches Übergewicht; für Käfer und Schmetterlinge war der Tisch aber trotzdem noch reich gedeckt.

Unter dem Mikroskop zeigten sich bisher auch 27 verschiedene Sporenarten. Sie stammen hauptsächlich von Farnpflanzen, die im feuchtwarmen Messeler Milieu weit verbreitet waren; Farnblätter tauchen in den Fundlisten dennoch nur selten auf.

Zu den Mikrofossilien zählen auch die Algen. Wie will man diese winzigen Einzeller nach 50 Millionen Jahren überhaupt noch finden und gar bestimmen? Erst das moderne Rasterelektronenmikroskop (REM) erlaubt es, in diese kleinen Dimensionen vorzustoßen und die Struktur der winzigen Pflanzen sichtbar zu machen. Algen sind im

Zweig eines Lorbeergewächses (oben links) mit ansitzenden Blättern. Zweiglänge etwa 18 Zentimeter.
Ein Blatt im Durchlicht (oben rechts). Mikroorganismen haben Löcher hineingefressen. Die Blattlänge beträgt etwa fünf Zentimeter.
Das Fragment eines Seerosenblattes (unten links). Solche Blätter können wegen ihrer beträchtlichen Größe kaum einmal komplett geborgen werden. Breite etwa 25 Zentimeter.
Auch dieses Blatt eines Lorbeergewächses ist von Pilzen zerfressen (unten rechts). Blattlänge etwa fünf Zentimeter.

Palmenblüten wie diese wurden in Messel häufig gefunden. Sie sind nur zwei bis drei Millimeter groß. Daß Palmen am Messeler See wuchsen, ist hauptsächlich durch Blüten und Pollen nachzuweisen, die vom Wind ins Wasser geweht wurden. Die Blätter dagegen faulten am Stamm ab, fielen auf den Boden und gelangten daher meist nicht in den See.

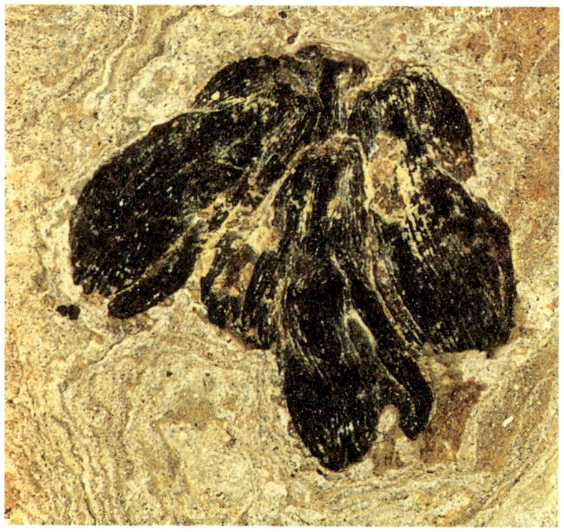

Ölschiefer mit die häufigsten Fossilien, waren sie doch die größten Zulieferer für das organische Material, aus dem das See-Sediment zu 25 Prozent besteht.

Kieselalgen (Diatomeen) sind in Messel auf eine besondere Art erhalten. Im Zuge der Ölschiefer-Entstehung löste sich ihr Kieselsäure-Skelett auf. Und so blieb nur der Hohlraum erhalten, den die Algen zurückgelassen haben. Im REM kann man aber bisweilen noch die Skulptur der Schale erkennen.

Der bisher einzige Pilzrest aus Messel fand sich wohl konserviert im Mageninhalt eines seltenen Paarhufers, *Messelobunodon schaeferi*. Wahrscheinlich hat das Tier die Pilze mitgefressen, als es in der Laubstreu des Waldbodens nach Nahrung suchte.

Im Ölschiefer der Grube Messel kann man sogar Bakterien nachweisen. Sie sind mit für die gute Erhaltung vieler organischer Strukturen verantwortlich, denn es hat sich gezeigt, daß in vielen Fällen nicht das organische Material selbst versteinerte, sondern die es zerstörenden Bakterien. Zwar sind die Bakterienkörper selbst längst verschwunden, ihre versteinerte Struktur blieb jedoch erhalten. Viele Bakterien, darunter die Archaebakterien, lassen sich auch noch als Chemofossilien, daß heißt über die Spuren ihrer Stoffwechsel- und Abbauprodukte nachweisen. Zahlreiche Archaebakterien leben in einer sauerstofffreien (anaeroben) Umgebung; ihr Vorkommen im Ölschiefer ist deshalb ein weiterer Hinweis darauf, daß am Seegrund von Messel einst lebensfeindliche Verhältnisse herrschten.

Die Pflanzenwelt der Grube Messel ist längst noch nicht ausreichend erforscht. Immerhin wissen wir, daß vor 50 Millionen Jahren ungleich mehr Pflanzenarten vorkamen als heute. Palmenreste stützen die Theorie, daß hier im Eozän ein tropisch-subtropisches Klima geherrscht hat. Von jenen Pflanzenfamilien, die die Pollenanalyse bisher nachgewiesen hat, kommen heute 10 nur in den Tropen, 20 in tropisch-subtropischen Gebieten und wiederum 10 in gemäßigten Gebieten vor. Zu den aspektbildenden, das heißt in diesem Lebensraum besonders stark verbreiteten Pflanzenfamilien zählen vor allem die Lorbeer-, Walnuß- und Eichengewächse; und die können sowohl in subtropischen als auch in gemäßigten Klimagebieten zu Hause sein.

War das Klima am See von Messel nun eher tropisch-subtropisch oder gemäßigt? Diese Frage gehört zu den spannendsten Problemen der Messel-Forschung. „Sowohl als auch“, könnte die Antwort lauten: Zwar herrschten subtropisch-tropische Temperaturen; auf 40 Grad nördlicher Breite machen sich andererseits jahreszeitliche Klimaeinflüsse schon deutlich bemerkbar. Der feuchte, immergrüne Urwald von Messel ist also vermutlich das Ergebnis zweier einander überlagernden Faktoren. D. H. Mai hat die Vegetation von Messel als „paratropisch“ bezeichnet. Vergleichbare Pflanzengesellschaften gibt es übrigens heute noch – in den Tiefland- und Berg-Regenwäldern Chinas und Südostasiens.

Ein holziger Zweig mit Blättern, der schon sehr stark inkohlt (in Kohle umgewandelt) ist. Höhe der Platte zirka 20 Zentimeter.

Vergängliche Pracht

Wirbellose

Reptilien und Amphibien, Fische, Vögel und Säugetiere sind an jeder Fundstelle die attraktivsten Versteinerungen. Dennoch haben in Bundenbach, Holzmaden oder Solnhofen nicht nur Wirbeltiere, sondern auch Wirbellose Karriere gemacht. Trilobiten und Schlangensterne aus dem Devon des Hunsrücks, Ammoniten, Belemniten, Schnecken und Quallen aus dem Schwäbisch-Fränkischen Jura gehören sogar zu den besonders sorgfältig erforschten Tieren der Vorzeit. Die Grube Messel dagegen, wegen ihrer fossilen Wirbeltiere weltberühmt, ist selbst in Fachkreisen nicht gerade für ihre Wirbellosen bekannt, obwohl sich die Ausbeute durchaus sehen lassen kann. Die wissenschaftliche Bearbeitung steht eben noch ziemlich am Anfang.

Im ehemaligen See gab es Süßwasserschwämme, allerdings nicht zu allen Zeiten, denn sie finden sich zwar in manchen Schichten, in anderen aber nicht. Ebenfalls nur dann und wann lebten im See bis zu zwei Zentimeter große Wasserschnecken. Diese Tiere mit ihrem fein gerippten Gehäuse ordnen die Fachleute bisher den Sumpfdeckelschnecken zu – eine endgültige wissenschaftliche Bearbeitung steht noch aus. Leider haben sich die aus Kalk bestehenden Schneckenschalen bereits aufgelöst; übriggeblieben ist nur die feine Außenhaut aus organischem Material. Auch einzelne kleine Spinnen sind zu finden, wenngleich in geringer Zahl.

Insekten gehören im Ölschiefer von Messel zu den häufigsten Funden. Zunächst überrascht allerdings der Mangel an Wasserinsekten. Ausgerechnet von jenen Organismen also, die am ehesten als Überbleibsel aus einem ehemaligen Stillgewässer zu erwarten wären, gibt es kaum Fossilien! Im See von Messel müssen demnach tatsächlich ziemlich lebensfeindliche Bedingungen geherrscht haben.

Unter den Insekten dominieren eindeutig die fliegenden Arten. Die meisten von ihnen dürften beim Flug über den See ins Wasser gefallen sein. Das stimmt mit der Feststellung überein, daß der See von Messel mit seiner Umgebung offenbar ein Paradies für Fledermäuse war, die sicher mit Vorliebe über der offenen Wasserfläche fliegende Insekten gejagt haben.

Weit mehr als 2000 fossile Insekten aus Messel sind bisher registriert. Gut die Hälfte davon gehört zu den Käfern. Von ihnen konnten bis heute gut ein Dutzend Arten bestimmt werden, vor allem Prachtkäfer, die ihrem Namen alle Ehre machen. Tatsächlich kommen bei ihnen außerordentlich farbenprächtige Exemplare vor, deren Flügeldekken im schönsten Blau oder Grün oder gleich in mehreren Farben schillern. Prachtkäfer sind auch heute noch besonders wärmebedürftig, ein Hinweis auf das einstige Messeler Klima. Zu den weiteren Käfer-Funden zählen Blattkäfer, Blatthornkäfer (zu ihnen gehört unser heutiger Roßkäfer) und Schnellkäfer, die sich – wie heute noch ihre Nachfahren – mit Hilfe eines eingebauten Sprungapparates selbst wieder auf die Beine helfen konnten, wenn sie einmal auf den Rücken fielen.

Die Messeler Käfer glänzen zumindest teilweise durch hervorragende Erhaltung. Unter der Lupe zeigen sich noch feinste Strukturen der Freßwerkzeuge, der Flügeldecken und Fühler. Phantastisch muten oftmals die kräftigen Farben bergfrischer Funde an. Doch diese Pracht ist nicht von Dauer: Schon wenige Stunden nachdem die Käfer aus dem feuchten Ölschiefer an die Luft gekommen sind, beginnen die Farben zu verblassen. Es handelt sich um sogenannte Strukturfarben, die – im Gegensatz zu den durch Farbkörper erzeugten Pigmentfarben – durch die Feinstrukturen des Chitinpanzers der Insekten hervorgerufen werden. Leider versagen die üblichen Messeler Konservierungsmethoden, wenn es um die Farberhaltung geht: Das Chitin nimmt den flüssigen Kunststoff nicht auf, mit dem die Fossilien normalerweise getränkt und stabilisiert werden. So muß man den Insektenkörper im umgebenden Ölschiefer belassen und das gesamte Präparat in nassem Zustand konser-

Ähnlichkeiten mit den heutigen Wolfsspinnen zeigt diese etwa ein Zentimeter große Spinne aus den Messel-Schichten.

Rest einer Blattwanze, deren kaum ein Zentimeter langer, segmentierter Unterleib sich in den ursprünglichen Farben gut erhalten hat.

Vereinzelt werden im Ölschiefer die aus Sandkörnern zusammengefügten, etwa zwei Zentimeter langen Köcher von Larven der Köcherfliegen gefunden.

vieren und aufbewahren. Hierfür finden Phenolwasser oder Glyzerin Verwendung. Aber auch dann verschwindet die Farbe im Laufe der Zeit. Doch die Präparatoren suchen intensiv nach neuen Methoden, und so darf man hoffen, daß es bald ein Verfahren gibt, Insekten samt ihren Farben dauerhaft zu konservieren.

Einiges Kopfzerbrechen löste der Fund einer Larve des Käfers *Eubrianax* aus. Heute bevorzugt diese Käferlarve eine besonders sauerstoffreiche Umgebung, nämlich die Geröllbereiche von Stromschnellen in Afrika. Das dürfte vor 50 Millionen Jahren nicht anders gewesen sein, haben sich die Larven doch seither kaum verändert. Was aber suchten sie dann im sauerstoffarmen, lebensfeindlichen Milieu des Messeler Sees? Einzige Erklärung: Sie wurden mit einem sauerstoffreichen Fluß oder Bach hineingeschwemmt.

Außer den Käfern kennt man bereits vier verschiedene Wanzenarten. Im Ölschiefer finden sich außerdem zahlreich die aus Sand gebauten Gehäuse der Köcherfliegen-Larve. Schuppen von nachtaktiven Schmetterlingen ließen sich im Mageninhalt von Messeler Fledermäusen nachweisen. Eozäne Schaben wurden in zwei Arten überliefert; ein besonders schönes Präparat ist der Abdruck eines solchen Insekts auf einem Stück Ölschiefer, in dem wie in einer Zeichnung die feinsten Strukturen der weit ausgebreiteten Flügel abgebildet sind.

Auch die Insekten haben durchaus ihren Anteil am weltweiten Ruf der Grube. Dr. Herbert Lutz, der die Messeler Kerbtiere bearbeitet, beschrieb erstmals 1987 zwei neue Arten von Ameisen; wie Bienen und Wespen gehören sie zur Ordnung der Hautflügler. Bei einer der beiden Arten handelt es sich um die größten Ameisen, die vermutlich je auf unserer Erde gelebt haben. Die geflügelten Geschlechtstiere erreichen Flügelspannweiten von bis zu 16 Zentimeter! Das ist zweieinhalbmal soviel wie die südamerikanischen Blattschneiderameisen, die größten heute lebenden Ameisen. Mit 10 bis 11 Gramm wurden sie etwa ebenso schwer wie ein Zaunkönig.

Lutz nannte die größere der beiden neuen Arten *Formicium giganteum.* Er nimmt an, daß die Tiere beim Paarungsflug in den See von Messel stürzten. Dafür spricht unter anderem, daß zwei Riesenameisen eng nebeneinander liegend erhalten blieben. Bis heute wurden nur geflügelte Geschlechtstiere geborgen. Vermutlich lebten die dazugehörigen Ameisenvölker ein Stück entfernt vom See, und die ungeflügelten Arbeiterinnen erreichten daher niemals das Gewässer.

Die Riesen-Hautflügler bilden, so spektakulär sie sind, nicht einmal eine Seltenheit. Es gibt schon mehrere hundert Exemplare. Lutz glaubt, daß *Formicium giganteum* – ähnlich wie heute die Blattschneiderameisen – einst riesige Völker mit Millionen Tieren bildete. Mit ihrer Größe und ihrem Gewicht haben sie wahrscheinlich die Grenze dessen erreicht, was die „Konstruktion Ameise" und der Werkstoff, aus dem zum Beispiel die Flügel bestehen, zu leisten imstande sind. Das wäre ein Grund, warum es weder vorher noch später so gigantische Ameisen gegeben hat.

Die Wirbellosen aus Messel sind noch kaum in Ansätzen bearbeitet. Und so läßt die Entdeckung der Riesenameisen gleich in zweierlei Hinsicht aufhorchen: Was mag wohl sonst noch alles (unbearbeitet!) in den Magazinen schlummern? Und welche anderen Schätze ruhen unerkannt im Ölschiefer, wenn Überraschungen wie die Riesenameisen fast beiläufig ans Tageslicht kommen?

Eine Schlupfwespe und ein Laufkäfer. Beide Insekten sind jeweils etwa 15 Millimeter lang. Sie sehen wie heutige Arten aus und sind doch fast 50 Millionen Jahre alt.

Von Ritterfischen und Kannibalen

Schmelzschupper und Knochenfische

Die Wende von der Kreide zum Tertiär war eine Zeit des Umbruchs: Tiergruppen, die während des Erdmittelalters und damit mehr als 200 Millionen Jahre lang eine bedeutende Rolle gespielt hatten, starben plötzlich aus – wie die Dinosaurier –, oder sie mußten nach und nach neuen Formen weichen, die für den Kampf ums Dasein offenbar besser ausgerüstet waren. Ein besonderer Reiz von Fundstellen aus dem frühen Tertiär – und damit auch aus dem Eozän – liegt sicher darin, daß hier alt und neu samt allen Übergangsformen gleichzeitig nebeneinander vorkamen. Das gilt geradezu modellhaft für die Fische.

Typisch für Trias, Jura und Kreide – also für das Erdmittelalter – waren die Ganoidfische oder Schmelzschupper. Ihren Namen verdanken sie einem ausgesprochen kräftigen Schuppenkleid, das mit Ganoin überzogen war, einer speckglänzenden Schmelzschicht. Die meist rhombisch geformten Schuppen bildeten schräg verlaufende, pflastersteinähnliche Reihen. Der Vorteil dieser Bewehrung liegt auf der Hand, und die Ganoidfische teilen ihn mit den hochgerüsteten Rittern des historischen Mittelalters: Beiden bot ihr massiver Panzer guten Schutz gegen Feinde. Dafür mußten sie andererseits einen erheblichen Mangel an Beweglichkeit in Kauf nehmen.

Das war wohl der Grund, weshalb sich im Tertiär die Echten Knochenfische zu einer immer stärkeren Konkurrenz der Ganoidfische entwickelten. Das Schuppenkleid dieser modernen „Teleostier" besteht aus viel kleineren, leichteren und damit beweglicheren Bauelementen. Zum Ausgleich ist ihr Innenskelett wesentlich kräftiger entwickelt. Im Laufe des Tertiärs verdrängten die Knochenfische die schwerfälligen Ganoiden völlig aus den Weltmeeren; die Schmelzschupper konnten sich nur noch als Wanderfische – wie bis heute der Stör – beziehungsweise ausschließlich als Süßwasserbewohner halten.

Vor 50 Millionen Jahren jedoch war es noch längst nicht so weit. Im See von Messel dominierten zumindest der Zahl nach eindeutig die altertümlichen Fische – die beiden häufigsten Arten gehören zu den Knochenganoiden.

Amia kehreri ist ein Schlammfisch oder Kahlhecht, dessen Schuppenkleid bereits ausgedünnt war; deshalb scheint bei vielen Fossilien das Skelett durch. *Amia* wurde in Messel durchschnittlich etwa 25 bis 35 Zentimeter lang; der größte Fund erreichte allerdings fast 60 Zentimeter. In Frankreich fand man sogar Riesen-Schlammfische von mehr als zweieinhalb Metern Länge! Typisch für die Kahlhechte ist die kurz vor der Schwanzflosse nach oben gebogene Wirbelsäule.

Die Gattung *Amia*, seit der Kreidezeit bekannt, wanderte zu Beginn des Tertiärs aus Nordamerika nach Europa ein. Da sie nur im Süßwasser vorkommt, muß am Ende der Kreidezeit und/oder zu Beginn des Tertiärs zwischen Nordamerika und der Alten Welt nicht nur eine Land-, sondern auch eine Süßwasserverbindung bestanden haben. Heute gibt es von den einst weit verbreiteten Kahlhechten nur noch eine einzige Art: *Amia calva* kommt in Gewässern des östlichen und mittleren Teils der Vereinigten Staaten vor.

Atractosteus strausi ist nach *Amia kehreri* der zweithäufigste Fisch in Messel. Dieser Knochenhecht besitzt jene typische langgestreckte, elegante Körperform, die Hechte bis heute kennzeichnet. Andererseits zeigt sein Schuppenkleid noch einen ziemlich kräftigen Überzug aus Ganoidschuppen. Von diesem Raubfisch sind Exemplare bis zu einem Meter Länge bekannt geworden. Professor Dr. Wighart von Koenigswald schließt aus dieser Größe, daß der See von Messel zu einem ausgedehnten System von Fließ- und Stillgewässern gehörte, in dem *Atractosteus* jagte. In einem kleinen, abgeschlossenen See hätten sich die Knochenhechte nicht zu dieser stattlichen Größe entwickeln können.

Der Fisch Amphiperca multiformis gehört zu den Barschartigen. Typisch sind die starken Strahlen seiner Rückenflosse. Er sieht unseren heutigen Barschen sehr ähnlich. Dieses Exemplar mißt 15 Zentimeter.

Der Schlammfisch Amia kehreri (links oben) hat ein mächtiges Schädelskelett. Seine Schmelzschuppen sind stark reduziert. So kann man die Wirbelsäule und die daran ansetzende typische „besenförmige“ Schwanzflosse gut erkennen. Länge etwa 23 Zentimeter.
Eine einzige Fossilplatte vereint hier die beiden wichtigsten Vertreter der Messeler Fischwelt: Atractosteus strausi (oben) und Amia. Länge etwa 20 Zentimeter.
Beim Schlammfisch (rechts) bildet der Mageninhalt einen schwarzen Fleck. Länge etwa 25 Zentimeter.

Zwei Barscharten in Messel repräsentieren bereits die modernen Knochenfische. *Amphiperca multiformis,* früher sehr selten gefunden, zählt heute zu den häufigsten Fossilien im Ölschiefer. Er wurde etwa 20 bis 25 Zentimeter lang und besaß eine nicht unterbrochene Rückenflosse – im Gegensatz zu dem etwa ebenso großen Barsch *Palaeoperca proxima,* dessen Rückenflosse geteilt ist. Von beiden Arten gibt es besonders viele Fossilien mit weit aufgerissenem Maul. Möglicherweise sind sie an Sauerstoffmangel gestorben, wie er bei entsprechenden sommerlichen Temperaturen im Messeler See durch massenhaftes Algensterben häufig aufgetreten sein dürfte.

Ein guter Bekannter aller Fossiliensammler in Messel ist das nur sechs bis acht Zentimeter lange Fischchen *Thaumaturus intermedius.* Jahrzehntelang galt es als kleiner Lachs. Dann fand der Franzose Jean Gaudant heraus, daß es sich bei *Thaumaturus* um die frühe Form eines Knochenzünglers handelt. Diese Ordnung der Knochenfische zeigt viele altertümliche Merkmale. Die heutigen Knochenzüngler – unter ihnen der bis zu vier Meter lange Speisefisch Arapaima – leben hauptsächlich im tropischen Süßwasser.

1976 kam im Ölschiefer von Messel die sechste und vorerst letzte Fischart ans Tageslicht: ein Aal! Bis heute ist es bei diesem einzigen Exemplar geblieben, das sich im Besitz des Naturhistorischen Museums in Mainz befindet. Dr. Norbert Micklich, Darmstadt, vermutet, daß es sich um das wohl älteste vollständige Skelett eines Vertreters der Gattung *Anguilla,* der Aale, handelt. Grund genug, das einzigartige Stück besonders sorgfältig zu untersuchen, auch mit Röntgenstrahlen. Der vielfach zersplitterte, verdrehte Fisch ist 63 Zentimeter lang. Er hat die typische gestreckte Form der Aale und charakteristischerweise keine Bauchflossen. Wie auch bei seinen modernen Nachfahren sind die Schuppen so winzig, daß man sie mit bloßem Augen nicht erkennen kann; die Körperoberfläche erscheint deshalb nackt.

Micklich entdeckte bei seinen Untersuchungen, daß der Aal aus Messel eine Reihe körperlicher Merkmale besitzt, die ähnlich auch bei heutigen Vertretern der Gattung *Anguilla* aus dem indo-pazifischen Raum auftreten. Der Fund von Messel, so die Schlußfolgerung des Aal-Experten, „steht im Einklang mit der Annahme eines ehemals weiten, Atlantik, Tethys und Indo-Pazifik erfassenden Vorkommens von Vorfahren heutiger Süßwasseraale“. Das große Mittelmeer der Erdgeschichte, die Tethys, erstreckte sich damals zwischen Südeuropa und Nordafrika, Kleinasien, Zentralasien und Hinterindien. Das heutige Mittelmeer ist ein Rest dieses Tethysmeers.

So sehr sich die Fische von Messel auch unterscheiden – eines verbindet sie: Alle sechs Arten waren Räuber. Bisher ist kein einziger Friedfisch bekannt geworden! Aber wovon haben sie dann gelebt?

Eine Teil-Antwort steckt vielleicht in einem wahrhaft außergewöhnlichen Fossilfund. Zunächst war da nur ein gut 60 Zentimeter langes Exemplar von *Amia kehreri,* ein prächtiges Stück, aber nicht gerade außergewöhnlich. Dann zeigte sich bei einer genaueren Präparation, daß der große Schlammfisch offenbar kurz vor seinem Ende einen anderen Fisch komplett verschlungen hatte. Als man den Beutefisch so gut es ging freipräparierte, erwies er sich als fast 30 Zentimeter langer Artgenosse. Der Räuber hatte sich aber offenbar mit seiner Beute übernommen: Ober- und Unterkiefer sind aus dem Knochenverband gelöst, und einige Anzeichen deuten darauf hin, daß der große Schlammfisch am kleinen erstickt ist.

Dieser Kannibalismus entspringt wahrscheinlich einem akuten Beutemangel im See von Messel: Wo Friedfische fehlen, muß sich ein Raubfisch seine Nahrung notgedrungen unter anderen Räubern erjagen. Und schlimmstenfalls fressen die Großen sogar ihre kleineren Artgenossen.

Alles was da kreucht

Amphibien und Reptilien

Die Schichten der Messel-Formation sind die Ablagerungen eines ehemaligen Sees. Wir dürfen deshalb eigentlich annehmen, daß im Ölschiefer in erster Linie die See-Bewohner selbst als Fossilien erhalten blieben. Wenn das zutrifft, waren die Lurche oder Amphibien im See von Messel und in seinem Uferbereich nicht besonders häufig: Bis heute gehören Funde dieser Tierklasse eher zu den Seltenheiten. So haben die Paläontologen bisher noch keinen genauen Überblick über diesen Teil der Messeler Fauna.

Amphibien legen ihre Eier im Wasser ab; dort wachsen auch ihre Larven heran, die Kaulquappen. Erst im Verlauf einer Verwandlung, der Metamorphose, bilden sich die Gliedmaßen aus. Wenn dieser Vorgang abgeschlossen ist, gehen die Lurche vom Wasser- zum Landleben und von der Kiemen- zur Lungenatmung über. Bei den Froschlurchen verschwindet in dieser Phase der Schwanz. Die Zoologen unterscheiden drei Amphibien-Ordnungen: Blindwühlen, Froschlurche und Schwanzlurche. Die beiden letzteren sind auch in Messel vertreten.

Die Schwanzlurche oder Molche wurden in Messel bisher nur in einem einzigen, etwa zwölf Zentimeter langen Fossil der Art *Chelotriton robustus* gefunden. Es ist deshalb sehr wahrscheinlich – einige Skelettmerkmale sprechen ebenfalls dafür –, daß die Salamander von Messel ausgesprochene Landbewohner waren und deshalb höchstens zufällig einmal am Seegrund eingebettet wurden.

Unter den schwanzlosen Froschlurchen ist *Eopelobates wagneri* am häufigsten. Er besitzt lange, schlanke Hinterextremitäten und konnte vermutlich sehr gut springen. *Eopelobates* gehört zur Familie der Krötenfrösche (Pelobatidae), aus der beispielsweise unsere Knoblauchkröte hervorgegangen ist. Ähnlich wie heutige Kröten dürfte diese Gattung, die auch in den eozänen Schichten des Geiseltals bei Halle an der Saale vorkommt, auf dem Land gelebt haben. In zahlreichen Sammlungen gibt es Exemplare, die im oder neben dem Körper eine Masse aus dunklen Punkten zeigen. Dabei handelt es sich um Laich, der aus dem toten Frosch herausgequollen ist.

Die zweite Messeler Froschlurchart ist ein Palaeobatrachide. Bei *Palaeobatrachus* konnte bisher nur die Gattung, nicht aber die Art bestimmt werden. Dieser Frosch besitzt einen gedrungeneren Rumpf (das zeigen Skelettreste und auch Exemplare mit ausgezeichnet erhaltenem Hautschatten) und deutlich kürzere Hinterbeine als *Eopelobates. Palaeobatrachus* war ein Wasserfrosch.

Von zwei weiteren Funden sei nur einer am Rande erwähnt: der bislang einzige Fund eines Frosches, der große Ähnlichkeit mit den heutigen afrikanischen Krallenfröschen *(Xenopus)* besitzt.

Wenn es in Messel schon so wenig Reste erwachsener Amphibien gibt, so sollte man erwarten, daß wenigstens die Jugendstadien reichlich vertreten sind; Amphibien können sich ja schließlich nur im Wasser entwickeln. Doch es dauerte bis 1987, ehe das Grabungsteam des Brüsseler Institut Royal des Sciences Naturelles de Belgique im Ölschiefer die erste fossile Kaulquappe entdeckte. Das etwa zwei Zentimeter große Tier befindet sich bereits in fortgeschrittener Metamorphose; unter dem Mikroskop zeigt sich, daß die Hinterbeinchen fast vollständig entwickelt sind,

Ein besonders schönes und großes Exemplar des Sumpffrosches Eopelobates. Seine langen, schlanken Extremitäten weisen das etwa 12 Zentimeter lange Tier als guten Springer aus.

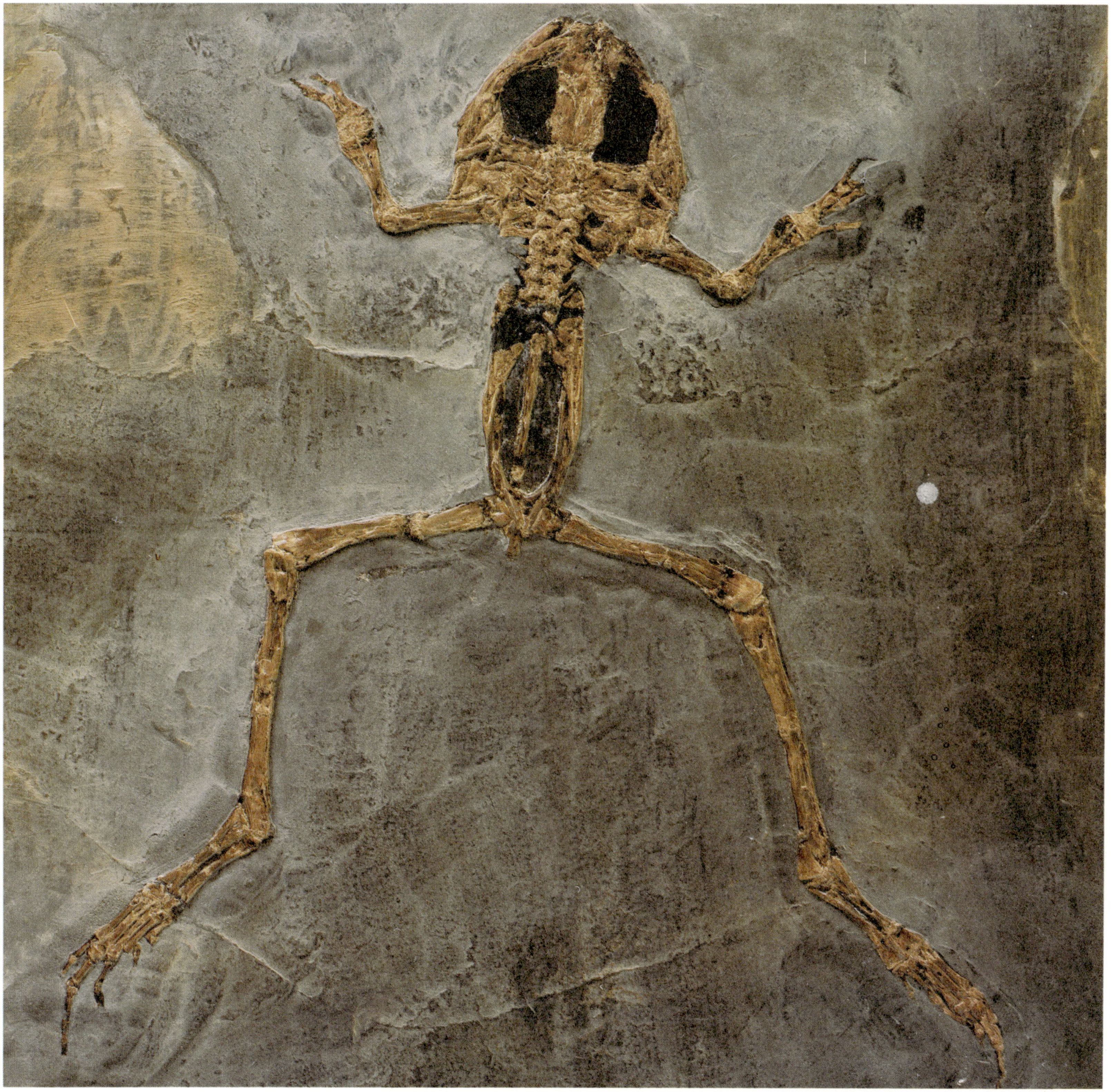

Wasserfrösche (rechts) kommen in Messel recht selten vor, zeigen dafür aber meist eine recht gute schwarze Hautschattenerhaltung. Die entkalkten Knochenreste erscheinen bräunlich. Etwa fünf Zentimeter lang ist dieses Exemplar.
Auf stattliche 14 Zentimeter Länge bringt es dieses Frosch-Fragment. Die Hautumkleidung zeigt sogar noch Flecken eines Farbmusters. Die schwarzen Punkte um die Beckenknochen sind Laich, den das Weibchen nicht mehr ablegen konnte.

während die Vorderbeine gerade durchbrechen. Dieser Fund unterstreicht, daß wir noch längst nicht alles über die Verhältnisse am und im eozänen See von Messel wissen – und daß die Fund-Grube immer wieder für Überraschungen gut ist!

Gegen Ende der Kreidezeit, vor ungefähr 65 Millionen Jahren, kühlte sich das zuvor sehr warme Klima auf unserer Erde spürbar ab. Für viele Tiere brach damit eine äußerst kritische Phase an. Das betraf vor allem die Reptilien. Hatten sie sich im warmen Erdmittelalter höchst erfolgreich entfalten können, so mußten sie nun als wechselwarme Tiere der Klimaverschlechterung und anderen, bislang unbekannten Einflüssen Tribut zollen: Alle Saurier-Ordnungen (so die Dinosaurier, die die größten landlebenden Tiere der Erdgeschichte hervorgebracht haben, aber auch die Flug- und Fischsaurier) starben damals aus und mit ihnen alle größeren Reptilien des Erdmittelalters.

Doch so wie die Katastrophe neben den Kriechtieren auch andere Gruppen betraf, überstanden umgekehrt eine ganze Reihe von Kriechtieren den „Faunen-Schnitt" an der Grenze von der Kreide zum Tertiär: Schildkröten und Krokodile, Eidechsen und Schlangen. Ihr Vorteil bestand darin, daß sie fast ausnahmslos von relativ geringer Körpergröße waren, und daß sie weder ihre Nahrungsgrundlage noch ihren Lebensraum verloren. Im Eozän von Messel findet man von ihnen überaus eindrucksvolle Spuren.

Der Schildkrötenpanzer sieht so frisch aus, als habe ihn ein trophäensüchtiger Tourist soeben von einer Urlaubsreise zurückgebracht. Doch der Eindruck täuscht: Das kostbare, 23 Zentimeter lange Stück ist fast 50 Millionen Jahre alt! Daß es so „unversteinert" wirkt, hängt hauptsächlich damit zusammen, daß der flache Panzer nicht auf einer Trägerplatte ruht. Er konnte vielmehr von beiden Seiten vollständig freipräpariert werden und läßt sich deshalb von oben wie von unten betrachten.

Im Schutze dieses Schildes lebte einst eine Weichschildkröte. *Allaeochelys crassesculptata* heißt diese häufigste Messeler Schildkrötenart. Sie erreichte eine Länge bis zu etwa 35 Zentimeter. Gut 60 Zentimeter lang wurde die zweite Messeler Weichschildkrötenart, *Trionyx messelianus.* Sie war damit der größte Panzerträger im See von Messel – ein Hinweis darauf, daß nach dem „Faunenschnitt" kleinere Arten dominierten. (Auch die riesigen Meeresschildkröten starben am Ende der Kreidezeit aus.)

Die Messeler Weichschildkröten besitzen zwar, wie alle Schildkröten, einen Rücken- und einen Bauchpanzer. Aber da sie im Wasser lebten, weist ihr Skelett besondere An-

Sieben Zentimeter lang ist dieser Frosch. Er gilt als Verwandter der Krallenfrösche. Seine wissenschaftliche Bearbeitung steht noch aus.

passungen an diesen Lebensraum auf, wie man sie auch bei heutigen Meeresschildkröten finden kann. So überziehen nicht massive Hornplatten den Panzer, sondern eine dikke, lederartige Haut. Um Gewicht zu sparen, ist der Bauchpanzer bei Weichschildkröten ebenfalls deutlich reduziert. Der Knochenbau fällt zugunsten größerer Beweglichkeit weit weniger massiv aus.

Beim freipräparierten *Allaeochelys*-Exemplar blieben außer dem Panzer auch der Kopf sowie die Gliedmaßen ausgezeichnet erhalten – ein seltener Glücksfall. An den Händen fielen den Paläontologen zwei deutlich verlängerte Finger auf; eine Parallele dazu findet sich bei der Papua-Karettschildkröte, die heute als letzter Vertreter einer einst viel weiter verbreiteten Schildkrötengruppe nur noch in Neuguinea vorkommt. Die Fingerform läßt darauf schließen, daß *Allaeochelys crassesculptata* flossenähnliche Hände besaß und ein recht guter Schwimmer war.

In Messel sind zahlreiche Schildkröten gefunden worden. Sie gehören zu insgesamt fünf Arten. *Palaeochelys messeliana* dürfte unserer südeuropäischen Sumpfschildkröte sehr ähnlich gewesen sein. Ihr massiver Panzer läßt darauf schließen, daß sie zu den Landschildkröten gehört. Die beiden *Palaeochelys*-Arten von Messel hatten vermut-

Ein freipräpariertes, etwa 22 Zentimeter langes Exemplar einer wasserlebenden Weichschildkröte (Allaeochelys crassesculptata). Links die Rücken-, rechts die Bauchseite. Über den Knochenplatten des Rückenpanzers lagen ursprünglich noch Hornplatten. Der Bauchpanzer ist nur schwach entwickelt.

Nur fünf Zentimeter lang ist diese Baby-Schildkröte, ein Jungtier der Weichschildkröte Allaeochelys. Krallen und Schwanz sind bereits kräftig entwickelt.

Blick auf die Bauchseite einer Sumpfschildkröte (Palaeochelys messeliana). Sie lebte im feuchten Sumpf, aber auch auf dem festen Land, und hat einen ziemlich kompletten Bauchpanzer, unter dem das Schwänzchen hervorschaut. Auch hier bedeckten einst Hornplatten die Knochen des Bauchpanzers. Länge etwa 15 Zentimeter.
Die typische Messelschildkröte Trionyx messelianus (rechts) war ein Wasserbewohner. Ihr Rückenpanzer ist stark zurückgebildet. Er war lediglich von einer kräftigen Haut, jedoch nicht von Hornplatten bedeckt. Die langen Extremitäten eigneten sich gut zum Schwimmen.

Von einem großen Diplocynodon stammt diese einzelne Panzerplatte. Breite etwa sechs Zentimeter.

Zwei Ansichten des Krokodils Diplocynodon. Man erkennt die untergeschlagenen Vorderextremitäten und Einzelheiten des Bauchpanzers.

lich kräftig ausgebildete Hände und Füße. Doch das ist vorerst nur Spekulation, denn auf entsprechende Fossilfunde warten die Paläontologen bisher vergeblich.

Zu den ästhetisch reizvollsten Messel-Fossilien gehören die Schlangen. Von ihnen gibt es viele vollständig erhaltene Exemplare. Bis heute steht allerdings ihre wissenschaftliche Bearbeitung noch aus. Soviel ist immerhin bekannt: Bisher wurden ausschließlich Vertreter der Boidae, der Boa-artigen, bestimmt. Auf deutsch heißt diese Familie Riesenschlangen. Das läßt leicht an viele Meter lange Exemplare denken – fälschlicherweise, denn die Schlangen aus der Grube Messel sind eher klein; das größte Exemplar mißt nur knapp über einen Meter.

Immerhin kann man aufgrund der hervorragenden Erhaltung vor allem von Schädeln hoffen, daß wir eines Tages Näheres über die Schlangen erfahren, die einst auf den Bäumen, aber auch am Boden nahe dem See von Messel gelebt haben. Zwei größere Skelette geben bereits einen Hinweis auf die bevorzugte Nahrung: Zwischen ihren Rippen wurden Knochenplatten von kleinen Krokodilen gefunden.

Die Krokodile gehören ganz eindeutig zu den Stars von Messel. Sie repräsentieren einen ungewöhnlichen Formenreichtum, und unter ihnen finden wir die größten Tiere aus dem Ölschiefer. Krokodile sind ferne Verwandte der ausgestorbenen Dinosaurier. Für die Paläontologen sind sie damit sozusagen die letzten Überlebenden der Großreptilien aus dem Erdmittelalter.

Krokodile, so betont Professor Dr. Wighart von Koenigswald, können sich heute nur fortpflanzen, wenn die Temperaturen im Jahresmittel über 20 Grad Celsius betragen. Damit belegen die insgesamt sechs Krokodilarten von Messel einmal mehr höchst eindrucksvoll, daß der eozäne See bei Darmstadt in einem tropisch-subtropischen Klimabereich lag. Hier lauerten sie in der Uferzone auf Beute.

Woraus diese bestand, das verraten uns heute noch sogenannte Koprolithen, das sind versteinerte Kotballen, wie man sie im Ölschiefer von Messel immer wieder finden kann. Bei aufwendigen Untersuchungen kam heraus, daß den Krokodilen vor allem größere Fische wie der Schlammfisch *Amia* und der Knochenhecht *Atractosteus* zum Opfer fielen. Allerdings läßt die Vielfalt der Schädelformen – von breit und kurzschnäuzig bis zu schmal und langgestreckt – darauf schließen, daß einzelne Arten auch Schildkröten oder Landtiere fraßen, wenn sie ihrer habhaft werden konnten.

Viele Funde der bis zu eineinhalb Meter langen Art *Diplocynodon darwini* enthalten sogenannte Magensteine (Gastrolithen), wie das die Zoologen auch von heutigen Arten kennen. Diese Steine helfen den Tieren einerseits beim Zerkleinern der Nahrung, und andererseits dienen sie als Ballast, der beim Schwimmen ihre Lage stabilisiert und den Kraftaufwand beim Tauchen verringert. Von Koenigswald berichtet, daß das Gewicht dieser Steine stets in einem festen Verhältnis zum Körpergewicht eines Tieres stehe.

Da muß *Asiatosuchus germanicus* besonders fleißig Steine geschluckt haben: Zwar kennt man keinen kompletten Fund dieser Art; doch ein bestens erhaltener Schädel im Hessischen Landesmuseum in Darmstadt mißt stolze 68 Zentimeter. Die Paläozoologen haben daraus eine Gesamtlänge von dreieinhalb bis vier Meter errechnet. *Asiatosuchus germanicus* ist demnach das größte in Messel gefundene Tier. Körperbau und Lebensweise zeigen viele Übereinstimmungen mit dem heutigen Nilkrokodil.

Viel kleiner waren die Vertreter von *Allognathosuchus haupti;* diese Krokodile dürften kaum einen Meter Länge erreicht haben. Sie gaben mit ihrem ungewöhnlichen Gebiß einige Rätsel auf. Normalerweise besitzen Krokodile ziemlich gleichförmige Zähne. Hier aber findet man einerseits pilzförmige Backenzähne und andererseits vorn, zwischen zwei großen kegelförmigen Zähnen,

sehr kleine einspitzige Zähne. Einige Zeit galt deshalb *Allognathosuchus* als Muschel-, Schnecken- und Schildkrötenfresser. Doch mittlerweile kennt man Warane mit einem ähnlichen Gebiß, die sich keineswegs auf diese hartschalige Nahrung spezialisiert haben. Vielleicht beantwortet eines Tages wieder ein Mageninhalt die Frage nach dem Speisezettel dieser kleinen Krokodile.

Allognathosuchus haupti war im Eozän offenbar ein richtiger Weltbürger: Funde sind nicht nur aus Messel bekannt, sondern auch aus Wyoming (USA) und von Ellesmere Island, einer Art Trittstein-Insel zwischen Nordostkanada und Grönland hoch droben im arktischen Norden! Diese Verbreitung hat den Paläontologen beträchtliches Kopfzerbrechen bereitet. Zwar gehen sie längst davon aus, daß zwischen Nordamerika und Europa im Eozän eine feste Landverbindung bestand; vielfältig sind die Beweise, groß die Übereinstimmungen zwischen den Faunen der beiden Kontinente. Und sie haben mittlerweile auch genügend Anhaltspunkte, daß selbst in Polnähe ein ausgesprochen warmes Klima herrschte. Wie aber, so fragt von Koenigswald, sollen die wechselwarmen Tiere, die sich normalerweise von der Sonne aufheizen lassen, die Polarnacht überstanden haben? Ellesmere Island lag nämlich auch damals schon jenseits des Polarkreises, so daß die Sonne alljährlich zumindest für einige Wochen unter dem Horizont verschwunden blieb. Nur bei überwiegend nachtaktiven Tieren dürfte dieser Umstand keine Rolle gespielt haben.

Fragen wirft auch das seltenste Messeler Krokodil auf. *Bergisuchus dietrichbergi* besitzt Merkmale der Sebecosuchier, einer Familie von Krokodilen, die für Südamerika typisch ist. Bisher geht man davon aus, daß Südamerika während des Tertiärs von Nordamerika isoliert war. Wie kam *Bergisuchus* dann aber nach Europa?

Wie bei den Schlangen muß auch die Ausbeute bei den Echsen als sehr bescheiden bezeichnet werden: Bisher ist lediglich eine einzige Art wissenschaftlich beschrieben: *Saniwa feisti,* die zu den Waranen gezählt wird. Dieser Bestimmung liegt ein 45 Zentimeter langes Skelett zugrunde. Die Literatur erwähnt außerdem mit Eolacerta einen Vertreter der echten Eidechsen.

Aus dem Geiseltal bei Halle an der Saale kennt man dagegen bereits neuen Gattungen und zwölf Arten von Eidechsen. Wieder gibt es auffällige Übereinstimmungen mit der nordamerikanischen Fauna. Und wieder liegt die Vermutung nahe, daß nicht nur das vorhandene, unbearbeitete Messeler Fundmaterial zahlreiche Entdeckungen verspricht, sondern auch die Fundstelle selbst.

Möglicherweise mit den Skinken verwandt ist diese Echse (unten). Im Rumpfbereich erkennt man deutlich Hautschatten. Wo wenig Fleisch ist, blieben dagegen die hellen Knochen gut erhalten. Die Eidechsen von Messel sind bisher wissenschaftlich kaum bearbeitet.

Diplocynodon darwini in Rückenlage (links). Vorn der Bogen des Unterkiefers, dahinter die kräftigen Bauchpanzerplatten. Länge etwa 120 Zentimeter. Rechts oben: Magensteine von Diplocynodon. Mit Hilfe dieser Quarzkiesel hat das Krokodil seine Nahrung im Magen zerrieben.

Zusammengerollte Schlange. Der Kopf könnte im Bereich der beiden spangenartigen Knochen (oben Mitte) gelegen haben. Die Rippen (unten) passen sich elegant der gestreckten Körperform an. Länge etwa ein Meter.

Alle Messeler Schlangen gehören zur Verwandtschaft der Boas. Bei diesem Exemplar ist der Kopf gut sichtbar (links). Länge nahezu zwei Meter.

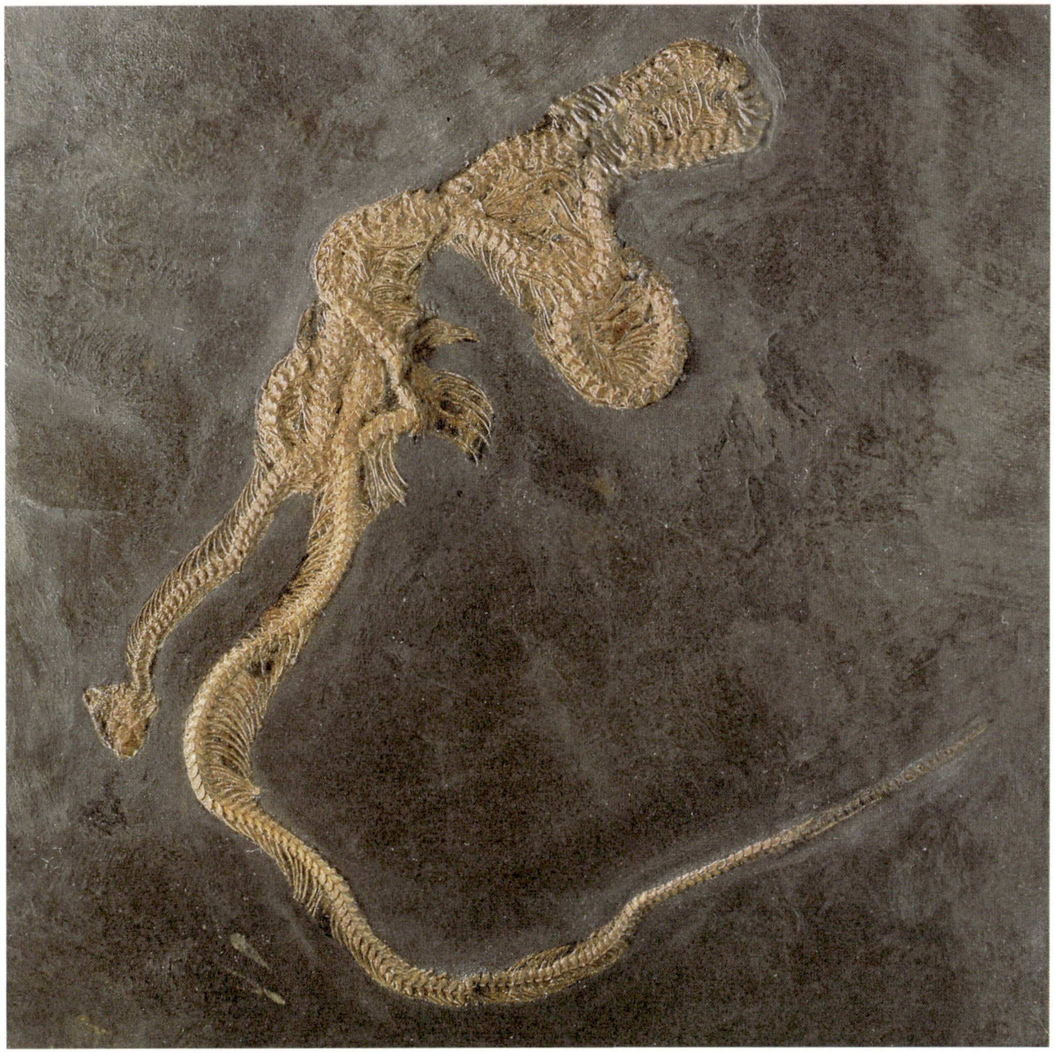

Vögel mit Farbe und Federkleid

Trappen, Ibisse, „Messelrallen"

Wer nach dem Ursprung der Vögel sucht, muß von Messel aus rund 300 Kilometer weit nach Solnhofen ins Fränkische Altmühltal fahren. Vor gut einem Jahrhundert fanden hier Steinbrucharbeiter in rund 140 Millionen Jahre alten Schichten des Jura die bisher älteste fossile Vogelfeder. Sie gehörte zu einem Urvogel der Gattung *Archaeopteryx.* Heute kennt man gerade ein halbes Dutzend mehr oder minder vollständige Urvogel-Exemplare. Hätten sie kein Federkleid, man müßte sie den Dinosauriern zuordnen: Von den Zähnen bis zum langen eidechsenartigen Schwanz stimmen sie in allen Merkmalen mit diesen urtümlichen Reptilien überein. Heute gilt es als sicher, daß die Vögel von den Dinosauriern abstammen.

Sechs Urvögel und nur aus einem einzigen Fundgebiet – das ist für die Paläontologen eine bescheidene Ausbeute. Auch in der Folge haben sich die Gefiederten rar gemacht: Aus der Kreidezeit – sie folgt auf die Jura-Formation und dauerte etwa von 135 bis 65 Millionen Jahre vor heute – kennen die Paläontologen nur ganz wenige Funde, die ein äußerst unvollständiges Bild der damaligen Vogelwelt vermitteln. Verständlicherweise dominieren die Wasservögel.

Schwere Verluste trafen am Ende der Kreidezeit die Vögel, die sich gerade zaghaft entfaltet hatten: Als nahe Verwandte dieser Reptilien ging auch an ihnen das Ende der Dinosaurier-Ära nicht spurlos vorüber. Damals starb zum Beispiel die urtümliche Gruppe der Zahnvögel völlig aus.

Doch mit dem Paläozän, dem ersten Abschnitt des Tertiärs, setzte wieder eine geradezu sprunghafte Entwicklung der Vögel ein. Und ähnlich wie bei den Säugetieren wurde das darauf folgende Eozän zu einer überaus bedeutsamen Epoche für unsere heutige Vogelwelt: Am Ende des Eozäns waren sämtliche Ordnungen der Vögel vorhanden, die wir heute kennen, außerdem die meisten Familien. Pinguine, Enten- und Hühnervögel, Eulen, Spechtartige und Sperlingsvögel sind bereits in jener Epoche – wenn auch mit frühen Formen – nachgewiesen.

Wieder erwiesen sich Funde aus der Grube Messel als besonderer Glücksfall: Einmal mehr kommen aus dem Ölschiefer Skelette von einer Vollständigkeit, wie man sie von keiner anderen Fundstelle kennt. Und was bei den Säugern der Hautschatten ist, gibt es auch bei Vogelfunden: Häufig blieb ihr Federkleid als sogenannter Gefiederschatten erhalten, der ein höchst eindrucksvolles Gesamtbild der einstigen Vogelgestalt liefert.

Leider findet man auch in Messel nur recht selten einmal einen Vogel. Und kaum häufiger zeigt sich bei Aufspalten des Ölschiefers eine einzelne Feder, oft in ihrer ursprünglichen exotischen Farbenpracht. Da heißt es dann für den glücklichen Finder, nach der Kamera zu greifen und das schöne Stück wenigstens im Bild festzuhalten. Denn nach ein paar Tagen ist die ganze Herrlichkeit verblaßt. Bis heute gibt es kein Verfahren, mit dem sich die Federfarben konservieren lassen.

Es überrascht nicht, daß unter den Vögeln von Messel zahlreiche stelzbeinige Arten sind: Sie konnten im sumpfig-schilfigen Uferbereich besonders gut nach Nahrung suchen. Einer von ihnen ist ein echter Ibis *(Rhynchaeitis messelensis)* mit langem, gebogenem Schnabel. Er wird zu den Schreitvögeln gerechnet. Wahrscheinlich etwas weiter entfernt vom Seeufer lebte der Laufvogel *Palaeotis weigelti,* der Messeler Urstrauß, der etwa so groß wurde wie ein Kranich. *Palaeotis* bevorzugte eher die offene Landschaft und ist deshalb kein häufiger Vertreter der Messeler Tierwelt – bis heute gibt es erst

Bisher unbeschrieben ist dieser Singvogel mit seinem weitgehend konservierten, aber nur als kohlige Masse erscheinenden Federkleid.

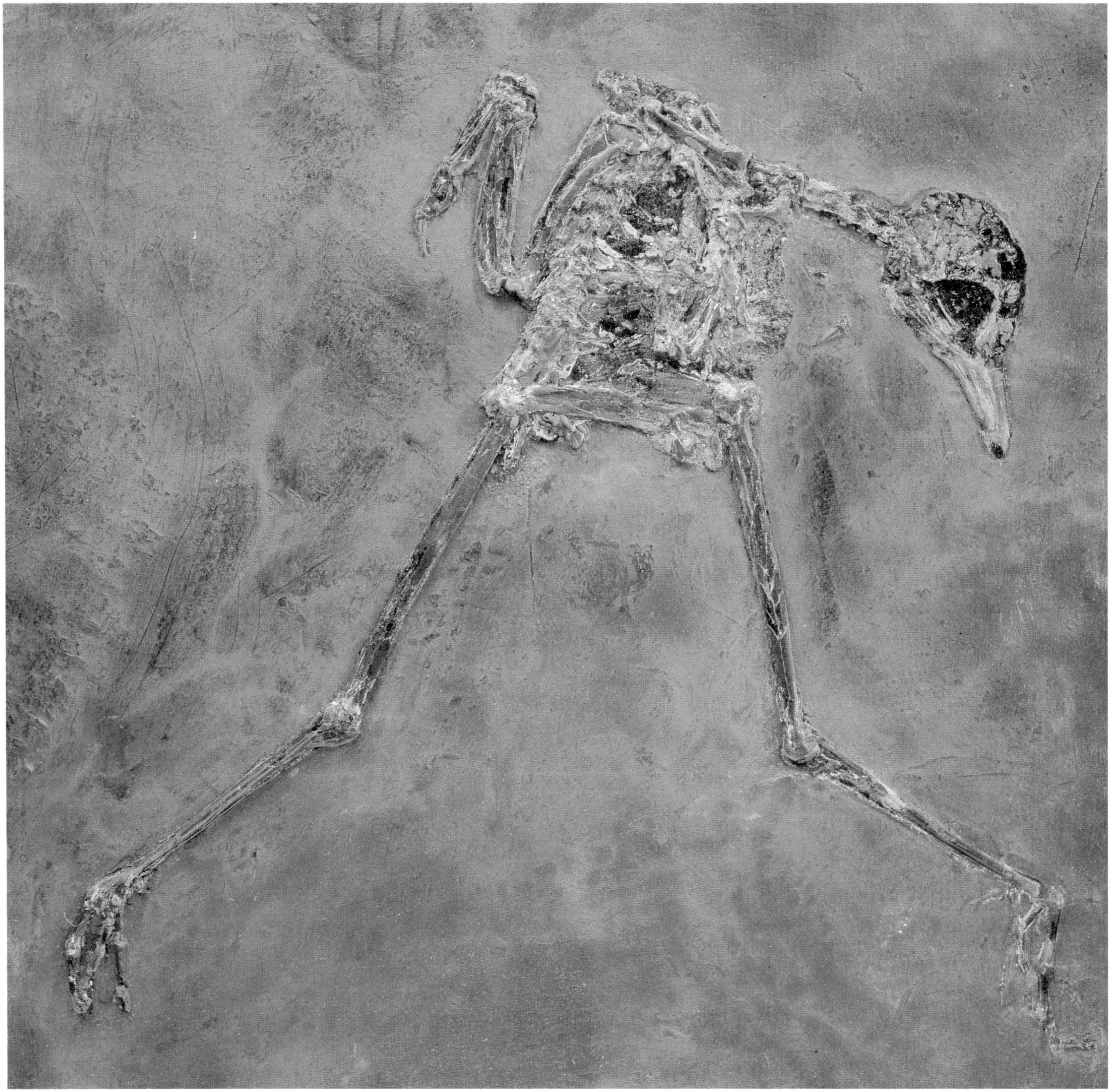

Kein anderer Vogel kommt in Messel so häufig vor wie die sogenannte Messelralle (links außen). Dieses Exemplar zeigt recht gut die besonders langen Extremitäten. Der Schädel ist gut erhalten.

Bei diesem Singvogel (rechts) blieb das Federkleid außerordentlich gut erhalten. Man erkennt sowohl im Brustgefieder als auch bei den Flügelfedern die feinsten Einzelheiten. Der Kopf mit dem orangefarbenen Schnabel ist nach rechts gerichtet. Oben: In Kohle umgewandelte Deckfeder eines unbekannten Vogels. Das Fossil zeigt alle Feinheiten der Federstruktur. Größe etwa 35 Millimeter.

Bei dieser etwa 18 Zentimeter großen „Messelralle" ist der Kopf (oben links mit der Augenhöhle) stark nach hinten gebogen.

einen einzigen Fund. Für die Ornithologen spielt er eine Schlüsselrolle: Anhand dieses Urstraußes wollen sie herausfinden, ob alle Laufvögel eine gemeinsame Wurzel haben, oder ob sie sich mehrmals aus flugunfähigen Vögeln entwickelt haben.

Rallen-, blauracken- und regenpfeiferähnliche Vögel aus Messel weisen schon gute Übereinstimmung mit ihren modernen Nachfahren auf. *Aegialornis szarskii,* erstmals 1985 beschrieben, ist ein Segler, der, ebenso wie die heutigen Vertreter dieser Vogelfamilie – zum Beispiel Mauersegler und Alpensegler –, bereits die typischen verkürzten Oberarmknochen und gestreckte Handschwingen besaß; er dürfte ein vorzüglicher und gewandter Flieger gewesen sein.

Schwerer einzuordnen sind die häufigsten Vögel aus der Grube, die sogenannten Messelrallen *(Messelornis).* Der deutsche Name legt eine Ähnlichkeit mit Vertretern der Rallen nahe; zu dieser Familie gehören heute zum Beispiel Bleßhuhn, Wachtelkönig und Teichhuhn. Tatsächlich gibt es einige Übereinstimmung speziell mit den Teichhühnern, nur daß die „Messelrallen" erheblich längere Beine besaßen und tatsächlich zu den Kranichartigen Vögeln (Gruifomes) gehören, wie die Untersuchungen von Angelika Hesse (Forschungsinstitut Senckenberg) zeigen. Die „Messelrallen" waren typische

Besonders deutliche Schatten des Federkleides zeigt dieser ibisartige Vogel (Rhynchaeitis messelensis). Er zählt zu den früh beschriebenen Vögeln aus Messel. Die Luftröhre (links vom Hals) ist wie bei manchen fossilen Vögeln nach außen verschoben.

Messelralle. Die Vögel besaßen eine Körpergröße von insgesamt etwa 25 Zentimetern.

Waldbewohner, die am Boden nach Nahrung suchten, ihre Nester allerdings wohl sicherheitshalber im Geäst der Bäume bauten.

Haben es die Ornithologen hier noch mit recht vertrauten Formen zu tun, so gehört ein weiterer Fund aus Messel eher zu den paläontologischen Exoten. Von ihm liegt auch nicht etwa ein vollständiges oder auch nur ein halb zerfallenes Skelett vor, sondern – selten für Messel – lediglich ein einziger Knochen, eigentlich sogar nur die Hohlform, die er im Ölschiefer hinterließ. Das Hessische Landesmuseum in Darmstadt, dem die Hohlform gehört, zeigt auch einen Abguß. Fast 30 Zentimeter lang, ließ sich das Fragment als Oberschenkelknochen eines flügellosen altertümlichen Laufvogels der Gattung *Diatryma* identifizieren. Zwei Meter hoch wurde dieser gefiederte Riese!

Für die Experten zählt er zu den alten Bekannten: Im Geiseltal bei Halle (Saale), einer eozänen Schwesterfundstelle der Grube Messel, hat man schon mehrere Skeletteile von *Diatryma* geborgen, hauptsächlich Extremitätenknochen; vor allem ist dieser Riesenlaufvogel jedoch aus dem Eozän von Nordamerika gut bekannt – ein weiterer Beleg für die engen Verflechtungen zwischen der Tierwelt der beiden Kontinente.

Diatryma besaß einen mächtigen, hohen Schnabel. Der räuberisch lebende Fleisch-

Dieses Skelett einer „Messelralle“ bricht unterhalb der Kniegelenke ab. Die Flügelknochen liegen dicht am Körper an. Am Hinterkopf sieht man Reste eines einstigen Federschopfes.

fresser könnte eine jener Lücken ausgefüllt haben, die die Dinosaurier als Raubtiere und Aasfresser bei ihrem Aussterben am Ende der Kreidezeit hinterließen.

Die Vogelfunde aus der Grube Messel sind von einzigartiger Vollständigkeit – ganz im Gegensatz zum Spektrum der bisher bekannten Arten, das viele Lücken aufweist. Das liegt sicher zu einem Teil daran, daß Dutzende von Vogelpräparaten, in Magazinen schlummernd, noch der exakten Untersuchung harren. Nur jene vier Arten, die hier erwähnt werden, sind bis heute wissenschaftlich beschrieben! Doch es gibt noch einen anderen Grund: Die Forscher brauchen einfach noch mehr Material. Das kann ihnen der Ölschiefer von Messel aber nur liefern, wenn die gesamte Grube möglichst noch auf viele Jahre hinaus für Ausgrabungen zur Verfügung steht.

Vögel sind überaus mobile Wesen. Von neuen Vogelfunden darf man sich deshalb auch viele Informationen darüber erhoffen, wie es in der weiteren Umgebung des Messeler Sees vor 50 Millionen Jahren ausgesehen hat.

Zeugen der Erdgeschichte

Beuteltiere

Am 10. Oktober 1980 kam beim Aufspalten einer Ölschieferplatte in der Grube Messel ein kleines Säugerskelett zutage. Der Fund hatte, legt man die hohe Meßlatte von Messel an, keineswegs Spitzenqualität. Dennoch registrierten ihn die Paläontologen mit besonders großer Befriedigung: Endlich hatte der Ölschiefer auch ein Beuteltier geliefert.

Den ersten Anhaltspunkt für diese Zuordnung lieferten die fossilen Zähne. Für Säugetierexperten sind sie so etwas wie der Fingerabdruck eines Menschen: Die „Zahnformel", die mit Zahlen und Symbolen Säugetiergebisse charakterisiert, sagt so vieles darüber, wovon sich ein Tier ernährt und in welche Verwandtschaft es zu stellen ist, daß man daraus auf seine Zugehörigkeit zu einer Klasse, Ordnung oder gar Familie schließen kann. Und Zähne verraten oft sogar etwas über das Lebensalter von Millionen Jahre alten Tieren.

Dennoch interessierte natürlich auch das restliche Skelett dieses Beutlers. Es befand sich allerdings in keinem sehr guten Zustand: Der Schädel stark beschädigt, die Kiefer nicht mehr in der ursprünglichen Verankerung, die dünnen Röhrenknochen meist zusammengedrückt, zeigte es nur wenige Einzelheiten. Professor Dr. Wighart von Koenigswald erklärt diese schlechte Erhaltung damit, daß es sich wahrscheinlich um ein Jungtier handelt. Die Knochen waren noch unvollständig ossifiziert (verknöchert); sie sind deshalb nicht in der gewohnten Qualität überliefert.

Wieder einmal leisteten die Präparatoren hervorragende Arbeit: Sie betteten das komplette Fossil vorsichtig auf eine künstliche Matrix um, befreiten es mit viel Fingerspitzengefühl vom umgebenden Ölschiefer und schufen so die Voraussetzung für die wissenschaftliche Bearbeitung des Messeler Neufundes. Er gehört zu den Beutelratten und ist mit knapp sieben Zentimeter Kopf-Rumpf-Länge und einem zehn Zentimeter langen Schwanz ein besonders kleines Exemplar.

Bald darauf stießen die Ausgräber auf ein ähnliches Skelett. Diesmal hatten sie mehr Glück, denn das zweite Fundstück war sehr viel besser erhalten. Es ist zwar nur wenig größer: Die Kopf-Rumpf-Länge beträgt knapp zehn Zentimeter, und der Schwanz, der ein Stück weit eingerollt ist, mißt 17 Zentimeter. Dennoch gilt es als ausgewachsen. Im Röntgenbild fanden die Forscher das entscheidende Indiz für die Bestimmung ihres Fundes: einen paarigen Knochen, der auf dem Schambein (Pubis) sitzt. Dieser „Beutelknochen" (Präpubis) hat zwar nichts mit jenem Beutel zu tun, der den Tieren den Namen gab; es handelt sich vielmehr um eine Art Bauchstütze, die bei beiden Geschlechtern vorkommt. Dennoch gilt er als typisches Merkmal für diese Gruppe von Säugern.

Schon vor gut 100 Millionen Jahren, während der Unteren Kreide, haben sich die Säugetiere stammesgeschichtlich in die Geschwistergruppen der Beuteltiere und der Höheren Säugetiere aufgespalten. Bis heute unterscheiden sich die Beuteltiere von den „Plazentaliern" durch die einzigartige Keimentwicklung. Im Gegensatz zu den Höheren Säugern besitzen sie keine sehr leistungsfähige Plazenta: Der Mutterkuchen ernährt den Keimling recht unzureichend. Deshalb verbleibt dieser auch nur 8 bis 42 Tage in der Gebärmutter. Bei der Geburt sind die Beuteltiere noch winzig klein. So bringt das bis zu mannshohe Riesenkänguruh gerade drei Zentimeter große Junge zur Welt (menschliche Neugeborene mit ungefähr ebenso großen Müttern erreichen 50 Zentimeter und mehr).

Vorzüglich erhalten ist diese Beutelratte der Gattung Amphiperatherium; die Beschreibung der Art steht noch aus. Unsere beiden Bilder zeigen Haupt- (oben) und Gegenplatte. Die Hinterextremitäten fehlen bis auf einen Oberschenkelknochen.

Als wissenschaftliche Sensation gilt diese Beutelmaus. Ihre Körperlänge beträgt zirka sechs Zentimeter. Es handelt sich um den ersten Fund dieser Art, die bisher noch nicht beschrieben ist.

Mit ihren unfertigen Sinnesorganen und den erst stummelartig entwickelten Hinterbeinen lassen sich die frisch geborenen Beuteltiere eher mit zu früh geborenen Embryonen vergleichen als mit den fast „fertigen" Neugeborenen anderer Säugetiere. Deshalb kommen sie jetzt in eine Art Brutkasten, einen Beutel an der Bauchseite des Muttertiers. Jeder Keimling ist ständig an einer Zitze „befestigt", die ihm über einen speziellen Muskel Muttermilch einspritzt. In diesem recht sicheren Versteck entwickeln sich die Jungen weiter, bis sie, oft erst nach Wochen, den schützenden Beutel verlassen und sozusagen ein zweites Mal geboren werden. Auch dann kümmert sich die Mutter meist noch mehrere Wochen lang um das Jungtier; häufig trägt sie das sich festklammernde Junge auf dem Rücken mit sich herum.

Schon vor 75 Millionen Jahren, in der Oberkreide, zeigten die Beuteltiere in Südamerika eine große Vielfalt an Formen. Dr. Gerard Storch (Forschungsinstitut Senckenberg), der sich besonders intensiv mit der Ausbreitung der Säuger über die Erde beschäftigt hat, kommt deshalb zu dem Ergebnis, daß die Beutler in Südamerika entstanden sind. Wie aber kamen sie dann nach Australien, wo sie heute – mit Ausnahme der nordamerikanischen Opossums – neben Südamerika ihre letzten Rückzugsgebiete haben? Noch in der Unter- und Mittelkreide hingen die „Südkontinente" Südamerika, Afrika, Australien und Antarktis als Großkontinent Gondwanaland miteinander zusammen. Es ist nun sehr wahrscheinlich, daß die Beuteltiere in Südamerika ihre erste Entfaltung erlebten und sich von dort aus nach Afrika und Australien ausbreiteten, bevor sich der mächtige Südkontinent in mehrere einzelne Landmassen aufgelöst hatte.

Wo sie beide im gleichen Lebensraum auftraten, erwiesen sich die „moderneren" Plazentalier den Beuteltieren fast immer als überlegen. Die Ausbreitungsgeschichte der Beuteltiere ist demnach auch die Geschichte einer fortwährenden Verdrängung und Flucht. Beuteltiere konnten sich nur dort ungestört entfalten, wo sie vor der lästigen Konkurrenz sicher waren. Das gilt zum Beispiel für Südamerika: Vom Beginn des Tertiärs vor etwa 65 Millionen Jahren bis gegen Ende dieser Periode vor etwa drei Millionen Jahren gab es keine Landverbindung nach Nordamerika. In dieser Epoche kam es zu einer ungewöhnlich reichen Entfaltung der südamerikanischen Beuteltiere. Aus fossilen Belegen wissen wir heute, daß sie praktisch alle „Nischen" besetzten, die in anderen Tiergesellschaften die Höheren Säuger halten. So entwickelte sich eine Vielzahl von Raubbeutlern, und Beuteltiere übernahmen auch die Rolle, die sonst Huftiere und Nagetiere innehaben.

In der Entwicklungsgeschichte kommt es immer wieder vor, daß Tiere, die überhaupt nicht miteinander verwandt sind, aufgrund vorhandener Lebensumstände gleichsinnige Anpassungen entwickeln; die Evolutionsbiologen sprechen in diesem Fall von Konvergenz (Übereinstimmung). Solche Konvergenzen zwischen den Beutlern und den Höheren Säugern gibt es in großer Zahl. Es existierten wiesel-, marder- und wolfsähnliche Raubbeutler, eichhörnchen- und flughörnchenartige Kletterbeutler, maulwurfartige Beutelmulle. Die australischen Känguruhs nehmen fast dieselbe ökologische Nische ein wie die Huftiere. Das frappierendste Beispiel ist aber wohl der Säbelzahnbeutler *Thylacosmilus.* Gebiß und Schädel sehen dem der ausgestorbenen Säbelzahnkatze verblüffend ähnlich, obwohl die beiden Arten stammesgeschichtlich nicht das Geringste miteinander zu tun haben.

Erst als am Ende des Tertiärs die Panamabrücke wieder eine Verbindung herstellte,

Weitgehend abgeblüht ist diese etwa drei Zentimeter große Blüte eines Seerosengewächses. Seerosen sind die einzigen Wasserpflanzen, die in Messel häufiger gefunden werden.

wanderten höher entwickelte Säugetiere von Nord- nach Südamerika ein und verdrängten die Beuteltiere aus ihren angestammten Arealen. Heute gibt es dort – als Rest der einstigen Beutler-Herrlichkeit – nur noch einige Arten von Opossummäusen und Beutelratten. In Australien hatten die Beutler dagegen das Feld für sich, bis der Mensch mit Dingo und Kaninchen das jahrmillionenalte Gleichgewicht zerstörte.

Beutelratten und eine bisher wissenschaftlich nicht beschriebene Beutelmaus sind bisher die einzigen Vertreter der Beuteltiere in den Messeler Schichten. Nach den ersten beiden kleinen Exemplaren, die der Gattung *Peradectes* zugeordnet werden, tauchte als jüngster Fund eine Beutelratte der Gattung *Amphiperatherium* auf, die mit einer Kopf-Rumpf-Länge von 15 und einer Schwanzlänge von 17 Zentimetern bedeutend größer ist. Diese eozänen Beuteltiere sind entweder über Nordamerika oder Afrika nach Mittel- und Westeuropa und damit auch nach Messel eingewandert. Hier haben sie sich vom frühen Tertiär an rund 45 Millionen Jahre lang ohne große Bauplan-Veränderungen gehalten, bis sie vor 14 Millionen Jahren ausgestorben sind.

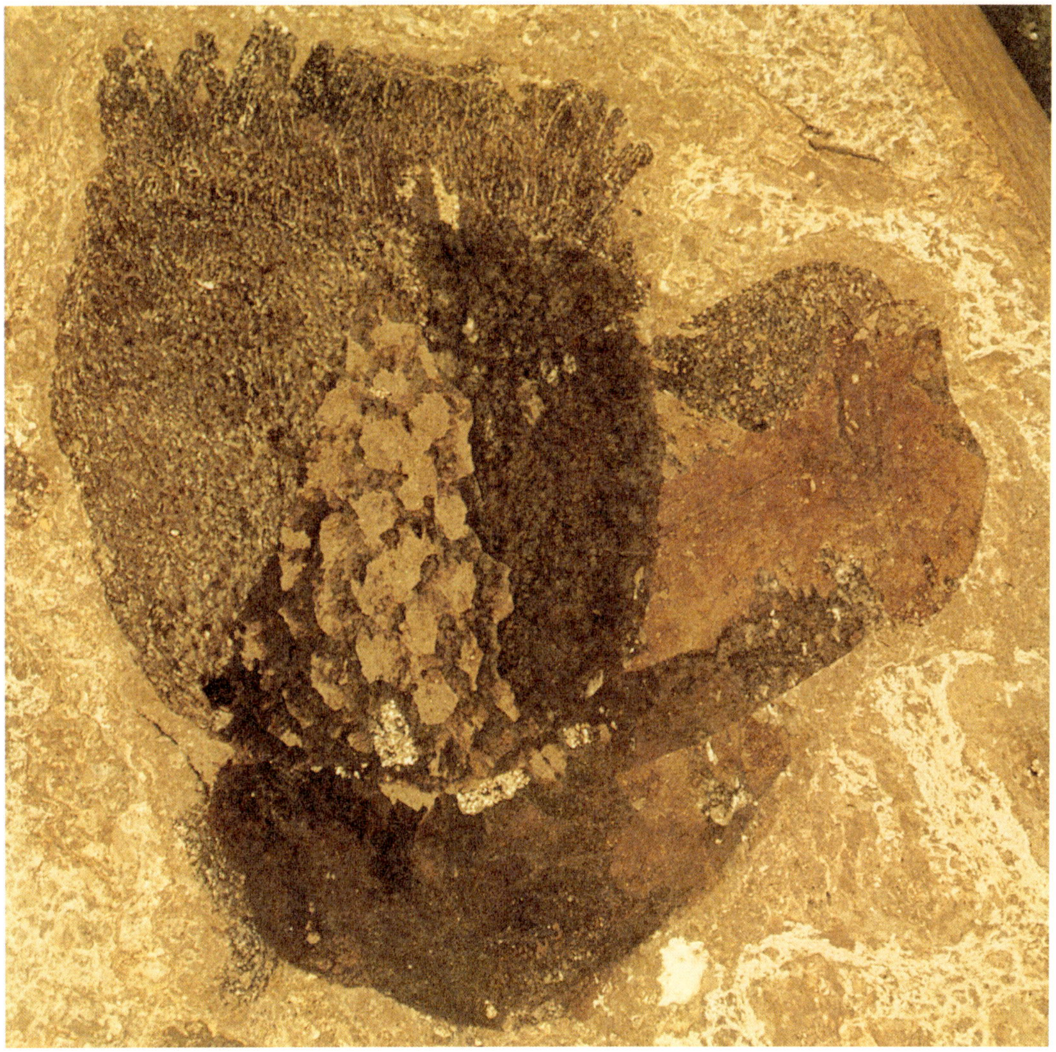

Springer, Fischer, Langfinger

Insektenfresser

Unter einem Nagetier oder Raubtier können sich die meisten Menschen etwas vorstellen. Mit den Insektenfressern ist das schon schwieriger. In Mitteleuropa zählen heute zu dieser Gruppe die Maulwürfe, Spitzmäuse und Igel und damit recht verschiedenartige Tiere, die wir nicht unbedingt als „Verwandte" erkennen. Auch ein Blick über unseren Kontinent hinaus zeigt eher Verwirrendes: Insektenfresser sind die auf Kuba und Haiti beschränkten Schlitzrüßler, die Tanreks von Madagaskar sowie die Goldmulle, Otterspitzmäuse und Rüsselspringer aus Afrika – alles Tiere, die wir, wenn überhaupt, nur als Exoten aus dem Zoo kennen.

Zoologen sehen in den Insektenfressern die urtümlichsten heute noch lebenden Höheren Säugetiere. Ihre Ursprünge reichen weit in die Erdgeschichte zurück. Als früheste Formen der Höheren Säuger haben ihre maus- bis rattengroßen Vorläufer – ebenso wie die der Beuteltiere – bereits im Jura (vor 180 bis 135 Millionen Jahren) und in der frühen Kreidezeit gelebt. Nach allgemeiner Auffassung entwickelten sich alle Säugetierordnungen aus insektenfresserähnlichen Vorfahren; auch die Urahnen des Menschen sind wohl aus dieser Wurzel hervorgegangen.

Schon während der Kreidezeit spalteten sich die Insektenfresser in verschiedene Familien auf, deren Verwandtschaftsverhältnisse recht unübersichtlich sind – die Insektenfresser bilden durchaus keine stammesgeschichtliche Einheit. Ihren Namen tragen sie übrigens nur bedingt zu Recht: Zwar ernährt sich die Mehrzahl von ihnen tatsächlich von Insekten; aber es gibt unter ihnen auch Pflanzenfresser; wieder andere Arten leben von kleinen Säugern, Fischen, Würmern – oder als Allesfresser sowohl von pflanzlicher als auch von tierischer Kost.

Wie bei allen Säugetieren kommt es im Tertiär auch zu einer reichen Entfaltung der Insektenfresser. Wertvolle Informationen über ihre verwandtschaftlichen Beziehungen und ihre Lebensweise verdanken wir Fossilfunden aus der Grube Messel. Einmal mehr gilt: Während andere Fundstellen meist nur Bruchstückhaftes freigeben, kommen aus der Grube Messel Funde von phänomenaler Vollständigkeit, die häufig den Schlüssel zur Bestimmung neuer Arten und zur Rekonstruktion ihrer Lebensräume liefern.

Ohne uns im komplizierten Stammbaum der Insektenfresser zu verlieren, wollen wir doch auf eine systematische Trennlinie hinweisen: Jene Insektenfresser aus dem Mittleren Eozän, die heute ausgestorben sind, bezeichnen die Paläontologen als Proteutheria, während sie die Vorfahren unserer modernen Insektenfresser unter dem Namen Lipotyphla zusammenfassen.

1962 entdeckte der Mainzer Paläontologe Professor Dr. Heinz Tobien im Ölschiefer von Messel ein seltsames Tier. Es besaß einen außerordentlich langen Schwanz und kräftige Hinterbeine, während die Vorderbeine ungewöhnlich kurz geraten schienen. Tobien nannte die neu entdeckte Gattung *Leptictidium* und gab ihr den Artnamen *auderiense,* eine Bezeichnung, die an den alten römischen Namen für die Bewohner des nördlichen Oberrheingrabens erinnert.

1976 beschrieben der Frankfurter Säugetier-Spezialist Dr. Gerhard Storch und der englische Zoologe Adrian M. Lister eine weitere Art von *Leptictidium.* Bei ihren genauen Untersuchungen stellten sie leichte Vertiefungen im Schädelbereich dieses Exemplars fest. Sie deuteten sie als Muskelansätze und

Buxolestes war ein Insektenfresser von gedrungener Gestalt mit kräftigen bekrallten Füßen. Zweifellos hat er räuberisch gelebt. Mit seinem breiten Schwanz erinnert er an einen Fischotter. Daher der Artname piscator – Fischer.

Kräftige Hinterbeine, kurze Vorderbeine und ein langer Schwanz – das Skelett des Insektenfressers Leptictidium auderiense (links) deutet darauf hin, daß sich dieser Säuger auf recht ungewöhnliche Art fortbewegt hat: So, wie es die Rekonstruktion zeigt. Das Tier ist etwa 50 Zentimeter lang.
Leptictidium nasutum (rechts) ist mit 70 Zentimeter Länge die größte der drei Leptictidium-Arten. Sein besonderes Merkmal ist der langgestreckte Kopf.

schlossen daraus, daß dieses eozäne Tier eine rüsselartig verlängerte Nase gehabt haben muß. Deshalb tauften sie es *Leptictidium nasutum.*

1987 schließlich entdeckte wiederum Storch zusammen mit Professor Dr. Wighart von Koenigswald eine dritte Art dieser Gattung. Zu Ehren von Tobien nannten sie sie *Leptictidium tobieni.* Es ist die größte der drei Arten. Während *L. auderiense* nur etwa igelgroß wurde, brachte es das „Nasentier" *L. nasutum* auf eine Länge von rund 75 Zentimeter, und *L. tobieni* ist noch ein wenig länger.

Lange rätselten die Wissenschaftler, wie sich die Vertreter dieser Gattung mit den seltsam kurzen Vorderbeinen und den kräftigen hinteren Extremitäten wohl fortbewegt haben mochten. Rein optisch drängte sich der Vergleich mit Känguruhs auf – und damit die Vorstellung eines Springers, der mit kräftigen Sätzen seine Beute jagt. Doch die genaue Untersuchung der Fußgelenke zeigte, daß das nicht sein konnte: Bei anderen „Hüpfern" sind Schien- und Wadenbein fest miteinander verbunden, bei *Leptictidium* nicht. Die Lösung: Die vierbeinigen Insektenfresser rannten auf zwei Beinen ihrer Beute hinterher! Beim Laufen hoben sie nicht nur den Vorderkörper an, sondern auch den langen, kräftigen Schwanz, mit dem sie die Balance herstellten. Für die Säugetierforschung war das eine Sensation: Heute gibt es keine einzige Art mehr, die sich auf diese Weise fortbewegt.

Für den Laien mag es so aussehen, als sei bei solchen Schlußfolgerungen viel Phantasie im Spiel. Ein Glück, daß man in Messel nicht allein auf Skelettreste angewiesen ist, sondern daß es auch noch Mageninhalte gibt. Drei „Henkersmahlzeiten" von *Leptictidium nasutum* haben Storch und Lister 1985 beschrieben. Die erste bestand aus einem kleinen Reptil; die zweite enthielt Reste eines Säugers; im dritten Mageninhalt fanden sich ausschließlich Insektenreste.

Fazit der Forscher und Bestätigung der Skelettuntersuchung: *L. nasutum* „war ein gewandter Räuber, der seine Beute, reaktionsschnelle Tiere wie kleine Säuger, Reptilien und große Insekten – wie man vermuten darf auch bodenbrütende Vögel und deren Gelege – mit Hilfe seines sicher hochentwickelten Geruchsinnes aufspürte und dann im Sprung oder, wahrscheinlicher, in kurzem schnellen Spurt erbeutete".

Wovon aber haben die beiden anderen *Leptictidium*-Arten gelebt? Eine spannende Frage. Denn wenn auf sehr engem Raum wie hier in Messel drei Arten derselben Gattung dicht nebeneinander vorkommen, müssen sie sich in der Regel auf unterschiedliche Nahrung spezialisieren, weil sie einander sonst unnötig Konkurrenz machen. Neue Funde und weitere Forschungen sollen eines Tages verraten, warum sich die drei Arten nicht ins Gehege kamen. Wie das Nasentier und seine beiden Verwandten gehört auch *Buxolestes piscator* zu den Proteutheria, jener altertümlichen Gruppe von insektenfresserähnlichen Säugern, die keine modernen Nachfahren haben, sondern irgendwann im Tertiär ausgestorben sind. Der bisher besterhaltene Fund zeigt ein vollständiges, etwa 60 Zentimeter langes Skelett. Von einem relativ nahen *Buxolestes*-Verwandten, *Pantolestes,* hat man in Nordamerika nicht nur Schädel-, sondern auch zahlreiche Skelettfunde gemacht. Die Skelette legen es nahe, daß *Pantolestes* ein fischotterartiges Tier gewesen sein könnte. Hat vielleicht auch der Messeler *Buxolestes* „semiaquatisch" gelebt? Ging auch er zum Beutemachen vom Land ins Wasser?

1980 untersuchte von Koenigswald den Mageninhalt des Holotypus, jenes Fundes also, der der Bestimmung der ganzen Art zu-

Einen mächtigen Schädel mit nagezahnartigen Schneidezähnen und einen langen Schwanz hatte der Insektenfresser Heterohyus. Die dünnen Vorderextremitäten setzen sich in extrem lange, feine Fingerglieder fort.

grunde liegt. Das vollständige Skelett bestätigte die Otter-Ähnlichkeit nicht nur im Schädelbereich; es besaß auch kurze kräftige Beine und einen muskulösen Schwanz – durchaus dazu geeignet, im Wasser als Steuerruder zu dienen. „Semiaquatisch oder nicht?" Auf diese Frage gab es jetzt ein eindeutiges Ja: Im Magenbereich dieses Exemplars fand von Koenigswald Fischreste. *Buxolestes* hatte den Artnamen *piscator*, der Fischer, also zu Recht bekommen. Er ernährte sich von Fischen, die er als sehr gewandter Schwimmer aktiv im Wasser jagte und erbeutete.

Diesen Befund sollte die Untersuchung des Karlsruher Exemplars durch Dr. Gotthard Richter bestätigen. Die Enttäuschung des Senckenberg-Experten war jedoch groß, als er im prall gefüllten Magen ausnahmslos pflanzliche Überreste fand, darunter viele Früchte und Samen einer unbekannten Pflanzenart. Ein wahrhaft widersprüchliches Ergebnis. Wie sollte man es deuten?

Zwar ist bekannt, daß hin und wieder auch fleischfressende Säuger von vegetarischen Anwandlungen heimgesucht werden; dann schlagen sie sich den Bauch mit Früchten voll. Warum sollte in Messel nicht zufällig ein solches Tier zu Tode gekommen und rasch konserviert worden sein? Doch Richter traut dem Zufall nicht. Er hofft, daß neue Funde bald Antwort auf die Frage geben, ob *Buxolestes* vielleicht doch kein reiner Fleischfresser war – wie das Gebiß es erwarten läßt –, sondern seinen Speiseplan regelmäßig mit pflanzlicher Kost bereicherte.

Pholidocercus hassiacus hat als Objekt der Wissenschaft eine bewegte Geschichte hinter sich: Zähne von ihm kannte man schon von mehreren europäischen und nordamerikanischen Fundstellen. Doch die Experten waren sich lange Zeit nicht einig über die korrekte Zuordnung, und so wurde *Pholidocercus* immer wieder zwischen den Lemuren – einer entwicklungsgeschichtlich bedeutenden Familie der Halbaffen – und den Insektenfressern hin und her geschoben. Klarheit brachten erst Funde aus Messel dank ihrer vorzüglichen und vollständigen Erhaltung.

Pholidocercus ist ein Igelartiger und damit einer der „modernen" Insektenfresser. Er verkörpert andererseits eine der ältesten bekannten Formen dieser Ordnung. Das 30 bis 40 Zentimeter lange Tier wirkt gedrungen. Es verfügte gleich über mehrere bemerkenswerte Schutzeinrichtungen. Der Schwanz, der etwa die halbe Körperlänge ausmachte, steckte gut geschützt in einer von Schuppen gebildeten Röhre. Tiefe Rinnen in den Schädelknochen lassen darauf schließen, daß *Pholidocercus* über der Stirn eine Art Hornplatte trug. Der Körperschatten, der bei mehreren Fundstücken die Umrisse dieses Igelartigen exakt nachzeichnet, läßt erkennen, daß sein Haar am Rücken borstig abstand – es war sicher kein ungetrübtes Vergnügen, sich mit ihm auf eine Auseinandersetzung einzulassen.

So groß manche äußeren Ähnlichkeiten sind – Richter hält *Pholidocercus* nicht für einen Vorfahren unserer heutigen Haar- und Stacheligel. Dabei gibt es auch in der Ernährung Parallelen zu den Igeln. Der wahrscheinlich am Boden lebende *Pholidocercus* ernährte sich zwar zu einem guten Teil von Insekten; doch auch Pflanzenreste im Mageninhalt sind nicht selten. Und so war der im Boden scharrend oder auch grabend seine Nahrung suchende Insektenfresser vermutlich ebenso ein Allesfresser wie die modernen Igel.

Macrocranion tupaiodon ist ebenfalls ein igelartiger Insektenfresser. Von allen Vertretern dieser Ordnung kommt er in Messel am häufigsten vor. Ihm fehlen die spektakulären Schutzanpassungen von *Pholidocercus*. Offenbar suchte er sein Heil eher in der Flucht: Das Skelett mit den verlängerten Beinen verrät den flinken Läufer, und die verwachsenen Schien- und Wadenbeinknochen lassen vermuten, daß er sich notfalls auch mit kräftigen Sprüngen aus der Gefahrenzone entfernte.

Auch bei *Macrocranion* sorgte die Untersuchung von Mageninhalten für eine Überraschung: In zwei von fünf Fällen stieß Richter ganz eindeutig auf Fischknochen. Noch ein Säuger, der sich als Fischer versuchte? Wohl kaum. Wahrscheinlicher ist, daß *Macrocranion* in der Nähe des Messeler Seeufers lebte, wo er gelegentlich tote und angetriebene Fische fand und verzehrte. Im übrigen lassen die Mageninhalte darauf schließen, daß das kleine, bodenlebende Tier ein Allesfresser mit einer gewissen Vorliebe für Tierisches war.

Den vorläufigen Schlußpunkt in der an Überraschungen reichen Geschichte der Messeler Insektenfresser setzte *Heterohyus*. Diese Art gehört zu den Apatemyiden, einer schon während des Tertiärs ausgestorbenen Familie von Insektenfressern. Jahrelang hatten die Apatemyiden die Paläontologen verwirrt: Stets gaben die Funde nur ein kleines Stück dieser geheimnisvollen Tiere preis – wie ein Puzzle, bei dem zu wenige Teile vorhanden sind, um sich das ganze Bild vorzustellen. Tatsächlich kannten die Experten vor den Messeler Funden nur ein paar Kieferbruchstücke und einzelne Zähne, außerdem zwei etwa walnußgroße Schädel mit auffallend vergrößerten Schneidezähnen. Dieses bescheidene Material stammte von weit verstreuten Fundplätzen in Europa und Nordamerika. Erst als auf der tiefsten Sohle von Messel – sie war zuvor viele Jahre lang von Wasser bedeckt – innerhalb kurzer Zeit zwei nahezu vollständige Skelette zum Vorschein kamen, verwandelte sich das löchrige Puzzle mit einem Schlag in ein vollständiges, klares Bild.

Heterohyus mißt vom Kopf bis zum Schwanzansatz ungefähr 12,5 Zentimeter. Der auffallende Schwanz ist um die Hälfte länger. Das spricht dafür, daß er, ähnlich wie bei den Eichhörnchen, in erster Linie der Balance diente. Finger und Zehen enden in Krallen; sie erinnern ebenso an die von Eichhörnchen wie eine andere anatomische Eigenheit dieses Insektenfressers, nämlich sein Fußgelenk. Möglicherweise konnte es *Heterohyus* wie ein Eichhörnchen nach hinten drehen. So wäre er auch in der Lage gewesen, mit dem Kopf voraus einen Baumstamm hinunterzuklettern.

Ein anderes Merkmal unterscheidet *Heterohyus* von nahezu jedem anderen Säugetier und hat ihm sogar zur Ehre eines deutschen „Rufnamens“ verholfen: Langfinger. Tatsächlich sind die Knochen der vorderen Extremitäten ungewöhnlich lang und schmal, und sie enden in einer sonderbar geformten Hand: Der zweite und dritte Finger sind verlängert, der erste und fünfte dagegen deutlich verkürzt. Der vierte ist mittellang.

Diese Handform entspricht im Grundmuster der von zwei heutigen Tieren: Das eine ist ein Beuteltier aus Neuguinea, das andere, das sogenannte Fingertier, ist ein Lemur, der noch auf Madagaskar vorkommt. Beide Arten besitzen überdies – wie *Heterohyus* – vergrößerte Schneidezähne. Und beide suchen ihre Nahrung, indem sie mit ihren Zähnen die Rinde von Bäumen lösen und dann mit Hilfe der beiden extrem verlängerten Finger Insekten darunter und aus Hohlräumen hervorholen.

Die Parallelen sind so auffallend, die Anpassungen stimmen so frappierend überein, daß der Schluß erlaubt ist: Auch *Heterohyus* war ein Baumbewohner, der sich von Insekten ernährte, die er aus Ritzen und Bohrlöchern unter der Baumrinde hervorangelte.

Heterohyus hat damit eine ökologische Nische besetzt, die damals wie heute in der Regel von Spechten ausgefüllt wird. In der Grube Messel fand man denn auch bisher noch keinen Specht, und auch auf den beiden Inseln Neuguinea und Madagaskar kommen keine Spechte vor. Möglich, daß Spechte die Apatemyiden und damit auch *Heterohyus* eines Tages recht unsanft aus ihrer ökologischen Nische verdrängten: Im Oligozän Europas sind die eigenartigen Insektenfresser jedenfalls ganz plötzlich verschwunden.

Viel Wirbel um ein Wirbeltier

Ein Ameisenbär in Messel

Manchmal lehrt Messel selbst altgediente Paläontologen das Staunen. So erging es Dr. Gerhard Storch, als er ein 1974 aus der Grube Messel geborgenes fossiles Säugetier untersuchte. 51 Zentimeter maß das gut erhaltene Skelett von der Spitze der lang ausgezogenen Schnauze bis zum Ansatz des Schwanzes, der noch einmal 35 Zentimeter ausmachte. Der Wirbeltierpaläontologe berichtet, daß er zunächst seine eigenen Ergebnisse nur widerstrebend zur Kenntnis nahm. Doch es bestand kein Zweifel: Vor ihm lagen die Reste eines Ameisenbären *(Eurotamandua joresi)*, der erste Fund außerhalb von Südamerika!

Die Ameisenbären, von denen heute noch drei Arten in Süd- und Mittelamerika leben, gehören ebenso wie die Faultiere und die Gürteltiere zur Gruppe der „Zahnarmen" (Edentata). Diese Ordnung ist typisch für die Tierwelt des südamerikanischen Kontinents. Dort konnte sie im Laufe von Millionen Jahren eine große Formenvielfalt hervorbringen. Der Grund: Südamerika war etwa seit dem Beginn des Tertiärs vor rund 65 Millionen Jahren geographisch isoliert; insbesondere gab es keine Landverbindung mit Nordamerika. Erst seit etwa drei Millionen Jahren existiert mit der sogenannten Panama-Brükke wieder eine solche Verbindung zwischen den beiden Amerika. Wie aber konnten dann die Ameisenbären aus Südamerika mitten ins Herz von Europa gelangen?

Die naheliegende Vermutung: Bereits vor der Isolation Südamerikas sind Ameisenbären nach Nordamerika ausgewandert. Doch die Tatsachen sprechen dagegen: Im ganzen nördlichen Subkontinent mit seiner hervorragend erforschten tertiären Wirbeltierfauna kam bis heute kein einziger fossiler Ameisenbär ans Tageslicht. Storch glaubt auch nicht, daß diese wenig mobilen Nahrungsspezialisten die Strapazen und Risiken einer derart weiten Wanderung – von Süd- über Nordamerika und die „Thule-Route" nach Europa – überstanden hätten.

Der exotische Fund gab den Anstoß, das paläogeographische Puzzle, die Verteilung von Land und Wasser an der Wende von der Kreidezeit zum Tertiär, genauer zu studieren. Und da bot sich eine Lösung an, die zunächst unwahrscheinlich anmutet und doch die bisher beste Erklärung liefert.

Südamerika bildete einst zusammen mit Afrika den westlichen Teil des riesigen Südkontinents Gondwanaland. Es könnte nun sein, so Storch, daß die Zahnarmen in Gondwanaland bereits vorhanden und verbreitet waren, ehe der Kontinent zerbrach. Deshalb konnten die Ameisenbären dann auch im später abgetrennten Afrika vorkommen. Von dort wanderten sie nach Norden und überwanden schließlich auch noch das damalige Mittelmeer, die Tetyhs.

Dieses Meer darf man sich nicht als unüberwindliche Barriere vorstellen. Storch verweist darauf, daß in Frankreich zu Beginn des Eozäns eine Salmler-Art lebte, die einzige außerhalb von West-Gondwanaland, die darüber hinaus enge Beziehung zu afrikanischen Formen hat. Die Salmler sind Süßwasserfische, und so muß zeitweilig sogar eine Landverbindung zwischen Afrika und Europa bestanden haben, die natürlich auch die Ameisenbären benutzen konnten.

Storchs Wanderroute für den Ameisenbären ließe sich leicht bestätigen, wäre in Afrika jemals auch nur ein einziger fossiler Artgenosse gefunden worden. Doch darauf warten die Paläontologen bis heute vergeblich. Das hat allerdings nicht unbedingt etwas zu bedeuten: Landsäuger-Funde aus der Oberen Kreide und vom Beginn des Tertiärs sind in Afrika so gut wie unbekannt.

Wie hat *Eurotamandua joresi* ausgesehen, und wie hat er gelebt? Der eozäne Ameisenbär war bereits hervorragend an die

Teils auf Bäumen, teils am Boden lebt der Tamandua (Tamandua tetradactyla), ein moderner Verwandter des Messeler Ameisenbären. Oben eine Rekonstruktion von Eurotamandua.

Mächtige Knochen besitzt Eurotamandua joresi, bisher der einzige Fund eines fossilen Ameisenbären in Europa. Typisch sind auch der spitz zulaufende Schädel und die kräftigen Klauen zum Aufgraben von Insektenbauten.

hochspezialisierte Ernährungsweise eines Ameisenfressers angepaßt. Er trägt seinen wissenschaftlichen Namen nicht von ungefähr, ähnelt er doch in vielem einem modernen Ameisenbären, der heute im nördlichen und östlichen Südamerika lebt: dem Tamandua *(Tamandua tetradactyla)*. Wie dieser besaß er einen röhrenförmigen Schädel mit einer gestreckten Schnauze und kleinem Mundspalt. Die Kiefer waren zahnlos – ameisen- und termitenfressende Säuger zerkauen ihre Beute nicht, sondern schlingen sie in den Magen hinunter, wo sie mit Hilfe von Sandkörnern zerkleinert wird. Wie Tamandua besaß auch *Eurotamandua* kräftige Grabkrallen nach Art einer Spitzhacke, mit denen er Ameisennester aufreißen konnte; die Mittelkralle war dabei besonders stark entwickelt. Notfalls konnte er diese Kralle auch als Waffe zur Verteidigung einsetzen, wie es die heutigen Ameisenbären tun: Er umklammerte einen Angreifer mit seinen kräftigen Vorderbeinen und den mächtigen Krallen; nicht selten endete diese Umarmung für den Gegner tödlich. Seine Zunge war lang und wurmförmig. *Eurotamandua* drang damit tief in die geöffneten Nester ein und zog die an der klebrigen Zungenoberfläche haftenden Insekten heraus.

Der Ameisenbär konnte mit seinem Kauapparat weder tierische noch pflanzliche

Zapfenschuppe des Nadelgehölzes Diostrobus, einer Araukarie. Die Zapfen sind zerfallen; am Seeboden wurden nur einzelne Schuppen eingebettet. In Messel gibt es wenig Nadelbaumfunde und auch keine größeren Zapfen, wie sie in anderen Tertiär-Fundstellen häufig vorkommen. Länge der Zapfenschuppe etwa sechs Millimeter.

Nahrung zerkleinern. Einzelne größere Insekten zu erbeuten, wäre ihm aufgrund seiner Schwerfälligkeit kaum gelungen, und vor allem hätte diese Art des Nahrungserwerbs ein Tier von seiner Größe nicht ernährt. So bleibt nur der Schluß, daß *Eurotamandua joresi* sich von staatenbildenden Insekten wie Termiten und Ameisen ernährte; die konnte er verhältnismäßig rasch, bequem und in ausreichender Menge erbeuten.

Doch solche Überlegungen sind zunächst nicht mehr als Theorie. Aber auch bei *Eurotamandua joresi* hatten die Paläontologen das Glück, daß Mageninhalt vorhanden war. Dr. Gotthard Richter hat ihn untersucht. Anders als beim Schuppentier fand er hier tatsächlich das, was er erwartete: beträchtliche Mengen von Chitinteilen. Es handelt sich dabei um Reste der Cuticula, des schützenden Chitinüberzugs über der äußersten Hautschicht; sie besitzt keine Zellstruktur und läßt daher auch keine sicheren Schlüsse auf die Art der Insekten zu, die *Eurotamandua* erbeutete. Auch Mundwerkzeuge oder Teile von Beinen und Fühlern sind nicht erhalten. Dagegen enthielt der Magen des Ameisenbären, wie zu erwarten, eine große Zahl grober Sandkörner.

Erstaunlich hoch ist der Anteil an Pflanzenresten im Mageninhalt des eozänen Ameisenbären. Meist handelt es sich dabei um Holzsplitter, die durch eine Art Kitt miteinander verbunden sind. Es könnte sein, so Richter, daß der Ameisenbär diesen „Beifang" machte, als er baumlebende Termiten mit der Zunge aus ihren Nestern hervorholte und dabei unfreiwillig auch Holzmaterial mit verspeiste. Bewiesen ist das jedoch nicht. Deshalb kann man auch nur vermuten – wenngleich mit gutem Grund –, daß *Eurotamandua joresi* und Tamandua auf ähnliche Weise ihrem Nahrungserwerb nachgingen. Der rezente Ameisenbär lebt am Boden, klettert jedoch auch auf Bäume und balanciert geschickt auf den Ästen, um die Nester von Baumtermiten zu plündern.

Kaum ein anderes Messeler Fossil hat unter den Paläontologen für soviel Wirbel gesorgt wie *Eurotamandua joresi.* Ein einzelner Fund zwang die Paläogeographen, neue Vorstellungen über das Aussehen der Erde am Ende der Kreidezeit zu entwickeln, und die Paläozoologen mußten ihre Modelle für die geographische Herkunft der heutigen Säugetiere überdenken. Viele Fragen aber werden sich erst klären lassen, wenn eines Tages der Ölschiefer von Messel einen zweiten oder dritten Ameisenbären freigibt.

Auf Beutefang mit Ultraschall

Fledermäuse

Schnell und hoch huscht die Fledermaus mit ihren schlanken, langen Flügeln über den Wipfeln des Messeler Urwalds dahin; von einem Ultraschallsystem geleitet, macht sie zielsicher Jagd auf Insekten. Mehrere Etagen tiefer sucht eine andere Fledermausart mit kurzen, breiten Flügeln ihre Nahrung in langsamem Flug zwischen Bäumen und im Gebüsch am Ufer des Sees zu erbeuten. Der tropisch-subtropische See mit seiner Urwald-Umgebung war offenbar ein richtiges Paradies für Fledertiere.

Vier Gattungen mit acht Arten sind aus Messel bekannt. Rund 870 verschiedene Fledermäuse kennt man heute. Sie nehmen in mehrerer Hinsicht eine Sonderstellung ein. Als einzige Säugetiere außer den Flughunden beherrschen sie den aktiven Flug. Die Eroberung des Luftraums verschaffte ihnen verschiedene Vorteile. Sie erschlossen sich damit eine neue Nahrungsquelle – nämlich nachtfliegende Schmetterlinge und andere nachtaktive Insekten –, und sie konnten bei Gefahr einfach davonfliegen. Durch ihre nächtliche Lebensweise entgingen sie fast jeder Nachstellung. In der Luft hatten sie wahrscheinlich nur wenige Feinde in Gestalt von räuberischen Vögeln. Tagsüber ruhten sich die Fledermäuse aus, indem sie sich in einem sicheren Versteck mit den Hinterbeinen festkrallten und kopfunter „aufhängten".

Die oftmals winzigen Säuger – manche wiegen nur ein paar Gramm wie die „Hummel-Fledermaus" aus Thailand, die mit zwei Gramm Körpergewicht das kleinste Säugetier der Welt sein dürfte – zeigen aber noch eine andere Besonderheit: Sie haben im Laufe ihrer Entwicklung eine ungewöhnlich große Vielzahl von Lebensräumen besiedelt. Das konnte ihnen nur gelingen, weil sie die vorhandenen Nahrungsquellen fein säuberlich untereinander aufteilten: Wo mehrere Fledermausarten nebeneinander vorkommen, hat sich jede in Sachen Speisezettel hochgradig spezialisiert. Und so gibt es fast keine Ernährungsweise, die bei den Fledertieren nicht vorkommt: Sie fressen zwar in der Mehrzahl Insekten; aber auch hier zeigt sich eine Differenzierung: Während die eine Art zum Beispiel hochfliegende Insekten bevorzugt, jagt die andere baum- oder bodenbewohnende Kerbtiere. Manche Fledermäuse schrecken nicht davor zurück, andere Fledermäuse zu erbeuten; manche fressen sogar Fische. Es gibt aber auch reine Vegetarier, die sich von Blütenteilen, Pollen und Nektar ernähren. Und nicht zuletzt sind da, beschränkt auf Mittel- und Südamerika, die berühmt-berüchtigten Vampire, die bei Vögeln und Säugetieren mit ihren scharfen Zähnen Hautstücke herausschneiden und dann das austretende Blut ablecken.

Warum diese lange Vorrede, ehe wir auf die Fledermäuse von Messel kommen? Paläontologen wollen, wenn sie ein Fossil vor sich haben, nicht nur das Tier selbst, sondern möglichst seinen ganzen Lebensraum rekonstruieren. Im Falle der Fledermäuse interessiert sie außerdem besonders, wo und wie deren Entwicklung eigentlich begonnen hat. Liefert Messel vielleicht jene einfachen, urtümlichen Vorfahren, von denen sich die heutige Artenfülle ableiten läßt?

Bei ihrer akribischen Spurensuche sind die Paläontologen oft auf sehr wenige Funde und auf winzige, unscheinbare Anhaltspunkte angewiesen. Das gilt besonders für die bisher ältesten Fledermäuse. Sie stammen aus dem Unter-Eozän und sind damit etwa drei Millionen Jahre älter als die Messel-Funde. In Wyoming/USA kam das bisher einzige komplette Exemplar aus dieser erdgeschichtlichen Epoche ans Tageslicht. Eine andere Fundstelle aus dieser Zeit, das Pariser Bek-

Der Schlammfisch Amia verspeist keineswegs gerade eine Fledermaus. Vielmehr haben sich wohl die scharfen Krallen und die Flughaut der Fledermaus in den Schuppen des Fisches verhakt, und beide wurden zusammen eingebettet – kein seltener Fall in Messel! Der Schlammfisch ist etwa 30 Zentimeter lang.

ken, lieferte dagegen nur ein paar einzelne Fledermauszähne.

Einmal mehr stießen Funde aus Messel das Fenster in die Vorgeschichte weit auf. Seit hier systematisch gegraben wird – also seit Mitte der siebziger Jahre –, liefert die Grube sozusagen Fledermäuse am Fließband; bis heute hat der Ölschiefer bereits mehrere hundert Exemplare freigegeben – mehr als jede andere Fundstelle der Erde; auch die Formenvielfalt ist einzigartig. In Messel selbst sind Fledermäuse mit Abstand die häufigsten Säuger. Aber nicht nur die große Zahl bestimmt ihren Wert, sondern vor allem ihre einzigartige Erhaltung. Komplette Skelette, anderswo die größte Rarität, sind hier eher die Regel. Mehr noch: Immer wieder sind in Messel Fledermäuse mit Haut und Haaren erhalten geblieben.

Wer einen sorgfältig präparierten erstklassigen Fund erstmals im Museum sieht, kann kaum glauben, daß dieses Tier schon vor fünfzig Millionen Jahren über den Messeler See geflogen sein soll, so lebendig wirkt das Fossil. Bei manchen Fledermaus-Fossilien ist sogar der exakte Umriß der Flughaut erhalten. Dieser „Hautschatten" umspannt den zarten Körper vom Kopf mit den Ohren über die langen Flugfinger und die Beine bis zum Schwanz, als habe dabei ein geschickter Retuscheur nachgeholfen. „Was der Paläontologe sonst am Ende seiner Rekonstruktion mit viel Phantasie und noch mehr Mut um seine Rekonstruktion herummalt, das hat ihm hier die Natur direkt überliefert", sagt Dr. Jens Franzen vom Frankfurter Forschungsinstitut Senckenberg.

Hautschatten zeigen auch viele andere Messeler Tiere. Aber bei den Fledermäusen wirken sie auf den Betrachter vielleicht am lebendigsten. Wie entstand dieses exakte Abbild der Flughaut, und wie konnte es Millionen Jahre überdauern? Darüber hat der Bad Kreuznacher Geologe Dr. Michael Wuttke nachgedacht und eine überraschende, mittlerweile allgemein akzeptierte Theorie entwickelt. Sobald ein Kadaver auf den Boden des Messeler Sees gesunken war, machten sich an der Kontaktfläche zwischen dem Sediment – dem Seeboden – und der Tierleiche Bakterien an ihre zersetzende Arbeit. Mit ihrer Stoffwechseltätigkeit besorgten sie jedoch bald auch ihre eigene Versteinerung! Das Ganze ging so schnell, daß die Bakterien nur einen dünnen „Rasen" aufbauen konnten. Dieser bildete, dank der feinkörnigen Bakterienkörper, die Kontaktfläche zwischen Weichkörper und Sediment (bei unserer Fledermaus also die aufgespannte Flughaut) in allen Einzelheiten ab. Es entstand eine „Bakteriographie", die natürliche fotografische Abbildung des Weichkörpers.

Die Weichteil-Überlieferung erlaubt zusammen mit vielen hervorragend erhaltenen Skeletten genaue Rückschlüsse auf die Gestalt der frühen Fledermäuse. Und da zeigt sich, daß die Vermutung der Paläontologen, die Fledermäuse hätten im Eozän noch ganz am Anfang ihrer Entwicklung gestanden, seien wenig differenziert gewesen, so nicht stimmt. Die eozänen Fledertiere wirken im Gegenteil erstaunlich modern; in ihrem Körperbau unterscheiden sie sich kaum von heutigen Arten. Selbst die Fledermaushaare (man fand sie im Mageninhalt) zeigen unter dem Elektronenmikroskop, daß sich alt und neu tatsächlich bis aufs Haar gleichen. Dem Konstrukteur Natur war hier offenbar frühzeitig ein überaus erfolgreicher Wurf geglückt, der später nur noch geringfügig verbessert werden mußte.

Fledermaus (Palaeochiropteryx tupaiodon). Die Flughaut ist hervorragend erhalten. Wir blicken auf die Unterseite des Tieres. Oben am Kopf sind die Zähne zu sehen. Die Körpergröße beträgt etwa neun Zentimeter.

Deutliche Unterschiede gab es dagegen zwischen den einzelnen Gattungen. *Hassianycteris* zum Beispiel ähnelt mit seiner schmalflügeligen Gestalt frappierend unserem heutigen Abendsegler; wie dieser jagte er vermutlich schnell und hoch über den Baumkronen; in Messel ist diese Gattung mit den beiden Arten *Hassianycteris magna* und *H. messelensis* vertreten. Dagegen besaß *Palaeochiropteryx* breite, kurze Flügel. Damit erreichte er zwar keine so große Geschwindigkeit, er war aber sehr wendig und so dem Leben im Gezweig der Bäume und knapp über dem Boden hervorragend angepaßt. *Palaeochiropteryx tupaiodon* ist mit Abstand die häufigste Fledermaus in Messel; *P. spiegeli,* der seinen Artnamen dem berühmten Messeler Chemiker verdankt, kommt schon erheblich seltener vor. Die dritte Messeler Fledermaus-Gattung *Archaeonycteris* mit ihren beiden Arten *A. trigonodon* und *A. revilliodi* zeigt dagegen keine ausgesprochene Spezialisierung.

Die Unterschiede im Körperbau belegen, daß es in Messel bereits eine differenzierte Fledermaus-Fauna gab, die schon sehr gut für das Leben in verschiedenen ökologischen Nischen ausgerüstet war, also kaum erst am Anfang ihrer Entwicklung gestanden haben dürfte. Die Paläontologen müssen deshalb weiterhin nach dem Stammvater der Fledermäuse suchen. Bisher vermuten sie, daß sich die Fledertiere während der Kreidezeit (135 bis 65 Millionen Jahre vor der Gegenwart) von urtümlichen Insektenfressern abgespalten haben. Möglicherweise muß man aber noch weiter zurückgehen, um auf ihre stammesgeschichtliche Wurzel zu stoßen.

Wovon haben die Fledermäuse am Messeler See gelebt? Wieder geben die Fossilien selbst genaue Auskunft. Der Magen-Darm-Inhalt ist oft vorzüglich erhalten, und so läßt sich auch der Speiseplan rekonstruieren. Von *Archaeonycteris* weiß man vor allem, was er nicht oder kaum aß: Schmetterlinge. *Hassianycteris* bevorzugte ein relativ breit gefächertes Nahrungsspektrum, während der Magen-Darm-Trakt von *Palaeochiropteryx* in erster Linie mit den Flügelschuppen von Schmetterlingen gefüllt war. Eine genaue Analyse unter dem Elektronenmikroskop ergab, daß es sich um urtümliche dämmerungs- und nachtaktive Falter handelt.

Da stellte sich natürlich die spannende Frage, ob die Fledermäuse schon vor 50 Millionen Jahren mit Hilfe von Ultraschall ihre Beute orten konnten. Dieses raffinierte System hat nämlich wesentlich zu ihrem Ausbreitungserfolg beigetragen. Es funktioniert nach dem Prinzip der Echo-Ortung: Fledermäuse stoßen einen Laut im Ultraschallbereich aus. Die Schallwellen brechen sich an Gegenständen, zum Beispiel an fliegenden Insekten; ein kleiner Teil wird reflektiert. Die Fledermäuse fangen dieses schwache Echo auf und erkennen daraus Art und Ort der Beute – die Jagd beginnt. Auf diese Weise können sie abends und nachts auf Beutefang gehen, zu einer Zeit also, wo ihnen nur wenige Nachtgreife wie zum Beispiel der Steinkauz gefährlich werden können.

Mit der Frage nach dem Ortungssystem hat sich vor allem Dr. Jörg Habersetzer eingehend befaßt. Er untersuchte die Cochlea, die Schnecke des Innenohrs, von fossilen Fledermäusen aus dem Eozän von Messel. Bei eini-

Diese Fledermaus (Hassianycteris messelensis) ist in reiner Bauchlage eingebettet worden. Gut zu erkennen sind das Schädeldach und die Krallen an den Hinterfüßen. Länge etwa elf Zentimeter.

gen Funden war dieses winzige Organ so gut erhalten, als stamme es von heutigen Tieren. Habersetzer verglich es mit den Innenohrschnecken heute lebender Fledermäuse. Das Ergebnis: Schon die 50 Millionen Jahre alten Vorfahren waren dafür ausgerüstet, Ultraschalltöne wahrzunehmen! Das System hatte allerdings noch nicht den heutigen Entwicklungsstand erreicht, und so half es zwar hoch fliegenden Fledermäusen, ihre Beute zu orten, im Unterholz war jedoch nichts damit anzufangen, weil es hier einen störenden Hintergrund gab, der „falsche" Echos produziert hätte. Die tieffliegenden Arten dürften diesen Nachteil durch ein vorzüglich entwikkeltes Gehör ausgeglichen haben, mit dem sie auch nächtens herumschwirrende Insekten ausmachen konnten.

Die frühe Differenzierung der Fledermäuse überraschte die Wissenschaftler. Zur Zeit des Eozäns standen die Säugetiere ja gerade erst am Beginn ihrer erfolgreichen Entfaltung. Nicht nur die Spezialisierung auf verschiedene Ernährungsweisen und Lebensräume, auch die Ausbildung eines so hochkomplizierten Organs wie des Ultraschall-Ortungssystems benötigt entwicklungsgeschichtlich viel Zeit – ein Hinweis darauf, daß die Ursprünge der Fledertiere vielleicht doch noch weiter zurückliegen als bisher angenommen.

Bei der unten abgebildeten Fledermaus (Palaeochiropteryx tupaiodon) blieb vor allem der Schädel mit der Bezahnung sehr gut erhalten. In der Körpermitte hat sich dagegen durch den sehr hohen Anteil an organischer Substanz das Skelett weitgehend aufgelöst. Oben rechts am Schädel der Hautschatten eines Ohrs.

Hervorragend erhalten ist die Fledermaus (Palaeochiropteryx tupaiodon) auf der rechten Seite.
Man sieht sogar noch die Behaarung der Flughaut. Körperlänge etwa sieben Zentimeter.

Kopfzerbrechen bereiten die Fledermäuse auch in anderer Hinsicht. Die meisten Funde aus dem Ölschiefer von Messel zeigen nicht etwa wehrlose Junge, altersschwache Tiere oder die Opfer feindlicher Attacken, sondern gesunde Tiere im besten Lebensalter. Sie starben mit vollem Magen, obwohl die unverdauten Nahrungsreste im Tages-Ruhequartier den Verdauungstrakt relativ schnell passieren. Wie kamen die offensichtlich kerngesunden Fledermäuse ums Leben? Möglicherweise sind aus dem Messeler See giftige Gase aufgestiegen, in denen die Tiere bei ihren Beutezügen knapp über der Wasseroberfläche erstickten. Dafür spricht auch die erstaunliche Vielzahl der Funde: Wären die Fledermäuse „normal" – das heißt: an Land – gestorben, dann gäbe es heute auf dem Grund des einstigen Sees kaum so viele Fledermaus-Fossilien zu entdecken – und ganz bestimmt nicht eine derart große Anzahl komplett erhaltener Skelette.

Die Fledermäuse zählen zu den Stars von Messel. Kein Wunder, daß sie es – ebenso wie das kleine Urpferdchen *(Propalaeotherium parvulum)* – sogar zu philatelistischen Ehren brachten: 1978 erschien *Palaeochiropteryx tupaiodon* als Motiv auf einer 80-Pfennig-Marke der Deutschen Bundespost und trug den Ruhm der Grube Messel und ihrer Fledermäuse in alle Welt hinaus.

Ein Vegetarier, der Ameisen fraß?

Das Schuppentier von Messel

Manche „Erfindungen" der Entwicklungsgeschichte haben sich als ausgesprochen erfolgreich erwiesen: Die Stromlinienform wasserlebender Tiere ist diesem Lebensraum so gut angepaßt, daß nicht nur Fische, sondern auch Saurier und später sogar Säuger davon „Gebrauch" machten. Andere Entwicklungen hatten geringere Chancen. Zu ihnen gehört die Verteidigungstechnik von Säugetieren, sich mit einem aus Haaren entwickelten Hornpanzer gegen Feinde und Insekten zu sichern. In zwei verschiedenen Zweigen, den Gürteltieren und den Schuppentieren, hat sich diese Technik bis heute bewährt. Freilich gibt es von den heutigen Schuppentieren nur eine einzige Familie (die Maniden) mit einer einzigen Gattung *(Manis)*. Die sieben lebenden Arten – die einzigen beschuppten Säugetiere – kommen ausschließlich in Afrika südlich der Sahara und in Südostasien vor.

Schuppentiere werden 75 Zentimeter bis eineinhalb Meter lang. Sie ernähren sich ausnahmslos von Ameisen und Termiten. Diese Spezialisierung – die Zoologen sprechen von einer „Einnischung" – hat zur Ausbildung einer ganzen Reihe körperlicher Merkmale geführt, die ebenso einmalig sind wie das Schuppenkleid. So besitzen Schuppentiere kräftige, kurze Vorderbeine, die mit großen Grabklauen bewehrt sind; damit können sie die Nester ihrer Beutetiere aufbrechen. Mit der bis zu 40 Zentimeter langen, klebrigen Zunge werden die Insekten geschickt aus dem geöffneten Bau geholt.

Seit Messel wissen wir, daß diese „Grundkonstruktion" sich im Laufe von fünfzig Millionen Jahren kaum verändert hat. Und wieder machten Funde aus der ehemaligen Ölschiefergrube Geschichte: Mit *Eomanis waldi* lieferten sie das bisher älteste bekannte Schuppentier und zugleich die vollständigsten Exemplare.

Die Bestimmung war zunächst gar nicht so einfach, denn die ersten Fundstücke besaßen keinerlei Hornschuppen mehr. Normalerweise genügt zwar den Mammalogen, den Säugetierkundlern, schon ein Zahn, um einen Säuger mit ziemlicher Sicherheit einer Art, Gattung oder zumindest einer Familie zuzuordnen. Aber auch diese Methode versagte: Es gab einfach keine Zähne, die zu bestimmen waren! Der Grund ist im nachhinein klar: Schuppentiere – sie gehören zu den „Zahnarmen" (Edentata) – verschlingen ihre Beute unzerkaut. Sie haben deshalb schon seit ihrer frühen Entwicklung darauf verzichtet, überhaupt Zähne hervorzubringen, und ihre Kiefer bilden nur noch dünne, zum Kauen viel zu schwache Knochenspangen. Wie aber zerkleinern sie dann ihre Nahrung? Sie zerreiben die Nahrung in ihrem muskulösen, mit Hornzähnen ausgekleideten Magen zu Brei! Auch diese Spezialvorrichtung ist unter den Säugern ohne Beispiel.

Wenngleich zunächst die Hornschuppen fehlten, ließen sich doch nach und nach genug Merkmale finden, die die Messeler Funde eindeutig als Schuppentiere auswiesen. Die kurzen, kräftigen Beine; die stark vergrößerten Krallen der Mittelfinger; die dünnen Kieferknochen; das „Pflasterepithel" – die Hornzähne – im Magenbereich; Schädelmerkmale, die auf eine verlängerte Schnauze schließen ließen – alle wesentlichen Merkmale der „modernen" Schuppentiere fanden sich auch bei den fossilen Vorläufern. Ein sonst unscheinbares Stück lieferte schließlich auch noch das ersehnte Indiz für ein Schuppenkleid: vier dachziegelartig übereinander geschobene Hornschuppen. Ohne diesen Schutz, der die gesamte Körperoberseite, die Beinansätze und ein Stück des Schwanzes bedeckte, und ohne die Fähigkeit, sich bei Gefahr zu einer gepanzerten Kugel zusam-

Die geflügelten Riesenameisen von Messel sind die größten, die jemals gefunden wurden: Sie erreichten mehr als drei Zentimeter Körperlänge. Unsere Aufnahme entstand vor der Präparation.

menzurollen, wären die wenig beweglichen Tiere – ebenso wie ihre modernen Nachfahren – Feinden wehrlos ausgeliefert gewesen.

Alles deutet demnach daraufhin, daß *Eomanis waldi* bereits weitgehend den heutigen Schuppentieren glich. Die Paläontologen sprechen von einem hohen stammesgeschichtlichen Alter und drücken damit aus, daß eine Gruppe von Tieren schon früh jene hochspezialisierten Anpassungen an einen bestimmten Lebensraum entwickelte, die ihre Nachfahren im großen und ganzen übernommen haben. Die Vorfahren der Schuppentiere haben sich deshalb wohl in einer weit früheren erdgeschichtlichen Epoche aus einer gemeinsamen Wurzel der Säuger – vielleicht aus einer archaischen Form der Insektenfresser – abgespalten.

Schuppentiere kommen in Messel keineswegs sehr selten vor: Bis heute sind immerhin sechs Funde beschrieben. Fünf davon standen dem Senckenberg-Forscher Dr. Gotthard Richter zur Verfügung, als er Mageninhalte untersuchte. Eigentlich nur eine Formsache – was sollten die Ameisenfresser außer Termiten und eben Ameisen schon gefressen haben?

Das erste, was Richter und seine Mitarbeiter fanden, waren grobe Sandkörner. Dafür gibt es eine recht vernünftige Erklärung: Sand hilft auch unseren modernen Ameisen- und Termitenfressern, ihre Nahrung mechanisch zu zerkleinern. Doch die Irritation der Paläontologen wuchs, als sie in allen fünf untersuchten Exemplaren erhebliche Mengen von Pflanzenresten entdeckten – Reste von Blättern mit ausgezeichneter Gewebe- und Zell-Erhaltung. Das paßte einfach nicht! Bei einem einzelnen Fall hätte man noch von Zufall sprechen können. Doch dies verbot sich angesichts des durchgehenden Befundes. Umgekehrt ließen sich nur in einem einzigen Schuppentier-Magen neben viel Pflanzenmaterial ein paar Insektenreste identifizieren, und die waren keiner bestimmten Familie zuzuordnen. Während man die Pflanzenreste im Magen des Ameisenbären *(Eurotamandua)* noch als ungewollt aufgenommene „Beikost" interpretieren konnte, reicht dies bei den Schuppentieren einfach nicht mehr aus.

Ein ungewöhnlicher Fall: Der anatomische und der ökologische Befund sind einfach nicht unter einen Hut zu bringen. Bis heute gibt es für diesen Widerspruch keine befriedigende Erklärung. Doch Richter und seine Kollegen suchen intensiv nach möglichen Deutungen.

Eine von ihnen beruht auf der Tatsache, daß die Schuppentiere – im Gegensatz zu anderen größeren Säugern – in Messel grundsätzlich in Rückenlage ins Sediment eingebettet wurden (alle anderen Säuger liegen seitlich). Sicher zerfielen zuerst die weichen Teile der Tierleiche, während der Rückenpanzer wie ein nach oben offenes Gefäß auf der Schichtfläche liegen blieb. Nun wäre es denkbar, daß Laub, das auf den Seeboden heruntersank, sich in dieser schalenartigen Vertiefung sammelte und später von darüberliegenden Sedimenten in den Magenraum gepreßt wurde. Das würde jedoch voraussetzen, daß die Schuppentiere ausnahmslos mit leerem Magen starben. Anderenfalls müßte sich unter der Schicht von Pflanzenmaterial noch eine dünnere oder stärkere Lage von Insekten finden.

Richter selbst sieht mit dieser Hypothese die Widersprüche noch längst nicht ausgeräumt. Er hofft, daß neue Funde und andere Erkenntnisse das „Schuppentierproblem" eines Tages lösen helfen.

Unübersehbar ist die Ähnlichkeit zwischen dem auf dieser Seite abgebildeten modernen Weißband-Schuppentier (Manis tricuspis) und seinem Messeler Verwandten (rechts). Das Karlsruher Exemplar des Schuppentiers Eomanis waldi besitzt einen ausdruckslosen Kopf ohne große Augenhöhle. Über der Körpermitte liegen die Krallen des rechten Vorderfußes. Der kräftige Hautschatten geht auf die Schuppen mit ihrem hohen Anteil an organischem Material zurück.

Ursprungsland noch unbekannt

Messels Nager sind Immigranten

Keine andere Säugergruppe hat sich so stark über die Erde ausgebreitet wie die Nagetiere: Zirka 1700 Arten, und damit etwa jede zweite heute lebende Säugerart, gehören zu dieser Ordnung. Wie für viele andere Säuger wurde das Eozän auch für die Nager zu einer Epoche, in der sie sich außerordentlich zahlreich und vielgestaltig entwickelten.

Nagetiere besitzen ein fast unverwechselbares Kennzeichen: Im Ober- und im Unterkiefer sitzt jeweils ein Paar scharfer, meißelförmiger Schneidezähne, die lebenslang nachwachsen. Die Eckzähne und die ersten Backenzähne fehlen dagegen, so daß in der Zahnfolge charakteristische Lücken vorhanden sind.

Die Grube Messel hat bisher vier Nager-Arten geliefert. Die größte ist *Ailuravus macrurus.* Das Exemplar des Darmstädter Hessischen Landesmuseums mißt insgesamt mehr als einen Meter; davon entfallen allein auf den Schwanz nahezu 60 Zentimeter. Nicht nur der Körper, auch der meist leicht eingeringelte Schwanz zeigt bei *Ailuravus* deutliche Spuren dichter Behaarung; daraus schließen die Paläontologen, daß der murmeltierähnliche Nager seinen Schwanz nicht so sehr als Greifinstrument, sondern eher als „Balancierstange" benutzt hat.

In welchem Lebensraum war *Ailuravus* zu Hause? Skelettuntersuchungen lieferten bisher keine eindeutigen Anhaltspunkte. Einmal mehr erhoffte man sich konkrete Aufschlüsse von der Untersuchung des Mageninhalts. Drei Exemplare des großen Nagers standen Dr. Gotthard Richter zur Verfügung. Eines enthielt keinerlei Nahrungsreste. Um so mehr Material fand Richter bei den beiden anderen. Es handelte sich ausschließlich um Blattreste – *Ailuravus* dürfte ein reiner Pflanzenfresser gewesen sein.

Bei der genaueren Untersuchung machte Richter eine bemerkenswerte Entdeckung: Im Mageninhalt der beiden Fossilien dominierte jeweils ganz eindeutig eine einzige Art von Blättern, allerdings nicht die gleiche. Zwar läßt sich aufgrund der winzigen Reste – die größten Blattstücke besitzen nur zwei Millimeter Durchmesser – nicht mehr feststellen, zu welcher Pflanzenart diese Überbleibsel jeweils gehörten. Doch auch so drängt sich eine Schlußfolgerung auf: Pflanzenfresser wie *Ailuravus,* die zumindest zeitweilig nur Blätter einer einzigen Blattsorte fraßen, waren baumlebende Tiere, denen als Nahrungsmittel natürlich vor allem die Blätter ihres „Wirtsbaumes" zur Verfügung standen. Die unterschiedlichen Blattarten rühren daher, daß die einzelnen Tiere auf Bäumen verschiedener Art gelebt haben. Zwar könnten sich auch Tiere in der Bodenregion auf eine oder zwei Pflanzenarten spezialisiert haben, doch das ist eher unwahrscheinlich. Richter verweist in diesem Zusammenhang auf das Beispiel des bodenlebenden Urpferdes *Propalaeotherium parvulum,* in dessen Magen Reste von 24 verschiedenen Pflanzenarten gefunden wurden!

Nicht nur die Lebensweise von *Ailuravus macrurus,* die Herkunft der ganzen Ordnung der Nager liegt noch weitgehend im dunkeln. Vermutlich haben sie sich während der Oberen Kreide, also vor etwa 70 Millionen Jahren, von den Insektenfressern abgespalten; diese gelten übrigens auch als die Wurzelgruppe der Herrentiere (Primaten) und damit der Vorfahren des Menschen.

Die ältesten Nager-Nachweise waren lange Zeit vereinzelte Zähne aus rund 55 Millionen Jahre alten Ablagerungen in den nordamerikanischen Rocky Mountains. Und so nahmen die Paläontologen an, daß die Rodentia, wie die Nagetiere wissenschaftlich

Das Nagetier Ailuravus erreichte mit Schwanz eine Gesamtlänge von etwa 75 Zentimeter.

heißen, in Nordamerika entstanden und später von dort nach Europa eingewandert sind, zumal die ersten europäischen Funde tatsächlich ein etwas geringeres Alter besitzen.

Kürzlich haben nun Funde von Nager-Resten aus dem unteren Eozän Asiens erhebliche Zweifel an dieser Vorstellung wachsen lassen. Wie Dr. Gerhard Storch vom Forschungsinstitut Senckenberg berichtet, besitzt das Gebiß dieser urtümlichen Rodentier noch weit primitivere Merkmale als das der Ischyromyiden; zu dieser frühen primitiven Nager-Gruppe gehören alle Funde aus der Grube Messel. Überhaupt sind die europäischen Nager im Eozän schon erstaunlich „fertig" entwickelt. Andererseits hat man in Europa bis heute keine primitiveren Vorfahren von ihnen gefunden. Daraus läßt sich schließen, daß die Nagetiere nicht hier entstanden, sondern zugewandert sind. Sie hätten demnach, ehe sie nach Messel kamen, bereits eine weite Reise hinter sich gehabt: von Asien über die Beringbrücke, durch Nordamerika und über die nordatlantische Landbrücke nach Europa.

Vor dieser Entdeckung der untereozänen Nager-Fossilien in Asien hatte man angenommen, die nordamerikanisch-europäischen Nager seien die Stammgruppe fast aller heutigen Rodentier. Nun sieht es so aus, als ob die Wurzeln dieser Ordnung in Asien liegen. Dennoch kommt den Messeler Nagern entwicklungsgeschichtlich einige Bedeutung zu: Die Ischyromyiden, die Nager-Gruppe, zu der sie gehören, dürften die Stammgruppe sein, aus der viele heutige Nager-Familien hervorgegangen sind. So zeigen die Schläfer oder Bilche sehr enge verwandtschaftliche Beziehungen zu *Microparamys parvus,* der mit nur 15 Zentimeter Gesamtlänge der kleinste Nager aus der Grube Messel ist.

Die beiden anderen Messeler Nagetier-Arten, *Massilamys beegeri* und *Massilamys krugi,* liegen in der Größe etwa zwischen *Ailuravus* und *Microparamys.* Sonst weiß die Wissenschaft noch wenig über sie; außerhalb der Grube Messel ist die Gattung *Massilamys* vollkommen unbekannt. Professor Dr. Wighart von Koenigswald (Paläontologisches Institut der Universität Bonn) nimmt an, daß sie nicht in der Baumregion herumgeklettert sind, sondern am Boden lebten und flinke Läufer waren.

Die Räuber mit dem Milchgebiß

Urraubtiere und Raubtiere

Die Stammesgeschichte der Raubtiere gibt den Paläontologen bis heute manches Rätsel auf. Denn im Eozän waren zwei Gruppen dieser fleischfressenden, räuberisch lebenden Säugetiere vorhanden – die Urraubtiere (Creodonta) und die Raubtiere im engeren Sinne (Carnivora); ihre verwandtschaftlichen Beziehungen sind bis heute noch nicht eindeutig geklärt. Lange Zeit nahm man an, daß sich beide in der Oberkreide aus einer gemeinsamen Wurzelgruppe von Insektenfressern entwickelt haben. Unterschiede zum Beispiel im Gebiß lassen diese Deutung mittlerweile als fraglich erscheinen. In Messel sind zwar nur sehr wenige, erfreulicherweise jedoch gut erhaltene Funde von beiden Gruppen geborgen worden.

Die Urraubtiere starben bereits während des Tertiärs aus. Beim einzigen fossilen Creodontier aus der Grube Messel, *Proviverra edingeri,* haben wir es mit einem recht jungen Tier zu tun, bei dem der Zahnwechsel noch nicht abgeschlossen war. Seine Körperlänge beträgt 20 Zentimeter. Es gehört zu den ungeklärten Fragen, wieso aus der berühmten Fundstelle nicht noch mehr Urraubtiere bekannt geworden sind. Denn ihre mutmaßliche Beute, kleine Nagetiere und Insektenfresser, gab es in diesem Lebensraum zuhauf. Überhaupt waren die Creodontier im Eozän sicher recht weit verbreitet. So hat man in der Schwesterfundstelle Geiseltal bei Halle an der Saale bis heute mehr als ein halbes Hundert Exemplare gefunden – allerdings meist nur Unterkieferhälften und einige wenige Schädel.

Laut Dr. Gerhard Storch haben sich die Urraubtiere – wie seiner Meinung nach die Mehrzahl der Säuger – von Europa nach Nordamerika ausgebreitet und nicht umgekehrt. Storch vermutet sogar, daß die Urraubtier-Gruppe der Hyaenodontidae, zu der auch *Proviverra* zählt, ursprünglich in Afrika entstand.

Die ältesten fossilen Reste der „echten" Raubtiere stammen dagegen aus dem unteren Paläozän von Nordamerika, aus Schichten also, die zu Beginn des Tertiärs vor etwa 65 Millionen Jahren abgelagert wurden. Storch hält es deshalb für wahrscheinlich, daß die Carnivoren in Nordamerika entstanden. Als zu Beginn des Eozäns eine Klimaverbesserung eintrat, wurden die atlantischen Verbindungen zwischen Nordamerika und Europa – die Thule-Route und die De-Geer-Landverbindung weiter nördlich – bewohnbar. Über diese „Trittsteine" wären die Raubtiere nach Europa eingewandert. Dafür spricht auch, daß hier Carnivoren-Reste erst im unteren Eozän auftauchen; sie zeigen auch noch deutliche verwandtschaftliche Beziehungen zu den älteren nordamerikanischen Formen.

Seltsamerweise handelt es sich auch bei den Funden der beiden Messeler Carnivoren-Arten um recht kleine Exemplare, die zudem noch nicht ganz ausgewachsen sind. *Paroodectes feisti* beispielsweise mißt vom Kopf bis zum Ansatz des Schwanzes nur 32 Zentimeter. Dagegen wurde *Viverra,* eine Schleichkatze aus dem Geiseltal, fast einen Meter lang.

Wenngleich also in der Grube Messel bisher die großen Raubtier-Formen fehlen – ohne daß es dafür eine einleuchtende Erklärung gibt –, so überrascht die Fundstelle andererseits einmal mehr durch ausgezeichnet konservierte Fossilien. Das gilt insbesondere für die Reste des Raubtiers *Miacis? kessleri.* Von ihm gibt es bisher insgesamt drei Skelette, alle außerordentlich gut erhalten. Es handelt sich durchweg um Jungtiere mit einem vollständigen Milchgebiß. Das ist der Grund, warum die Paläontologen den Gattungs-

Starkknochiger, gut bezahnter Schädel des Urraubtiers Paroxyclaenus. Die Hinterhauptregion ist nur unvollständig erhalten.

namen immer noch mit einem Fragezeichen versehen: Milchzähne eignen sich eben nur sehr eingeschränkt für eine exakte Bestimmung und Zuordnung.

Das dritte, besonders vollständige Exemplar von *Miacis ? kessleri* barg 1986 das Grabungsteam des Forschungsinstituts Senkkenberg. Dieses Fossil zeigt sogar noch gut sichtbare Reste der Behaarung, so daß wir eine recht genaue Vorstellung davon besitzen, wie das rund 20 Zentimeter lange kleine Raubtier aussah und wie es gelebt haben könnte.

Auf Brust und Bauch trug *Miacis* ein Fell mit kurzen Haaren, am Schwanz dagegen eine lange, quastenartige Behaarung. Diesen buschigen Schwanz hat das Tier möglicherweise zum Balancieren auf Ästen benötigt. Denn wie der Detmolder Paläontologe Dr. Rainer Springhorn bei der Untersuchung des Skeletts herausfand, handelt es sich bei diesem Raubtier um einen kleinen, wieselähnlichen Beutegreifer, dessen Gliedmaßen – insbesondere die langen, kräftigen Krallen – gut an ein Leben auf Bäumen angepaßt waren.

Miacis ? kessleri ist ein Vertreter der Miaciden, einer ausgestorbenen Familie von recht urtümlichen Raubtieren. Sie repräsentiert bereits jene Stammgruppe der Carnivoren, aus der alle modernen Raubtiere hervorgegangen sind.

Ein Huftier geht auf die Bäume

Urhuftiere und Paarhufer

Zuerst galt *Kopidodon macrognathus* als Vertreter der Urraubtiere, der Creodontier. Tatsächlich legten es seine kräftigen Eckzähne nahe, ihn in dieser Verwandtschaft anzusiedeln. Das war so lange richtig, wie der Ölschiefer von Messel nur Teile des Gebisses freigab. Aus Zähnen läßt sich nun zwar vieles ablesen. Aber über die Lebens- und Bewegungsweise ihrer Träger konnten letztlich nur einigermaßen vollständige Skelettfunde Aufschluß geben. Die Grube Messel lieferte sie. Damit war es erstmals möglich, *Kopidodon* und seine Verwandten korrekt zu beschreiben und einzuordnen.

Es zeigte sich, daß *Kopidodon* für ein Raubtier, das ja seine Beute im schnellen Lauf erjagen muß, ein viel zu bewegliches und damit instabiles Skelett besaß. Die kräftigen Krallen, auf den ersten Blick wie geschaffen, um Beute festzuhalten, eigneten sich tatsächlich viel eher dazu, dem Tier beim Erklimmen von Bäumen in der Rinde festen Halt zu geben. Damit fand auch die gute Drehbarkeit der Gelenke ihre sinnvolle Erklärung: Baumlebende Tiere benötigen ein besonders bewegliches Skelett.

Kopidodon macrognathus – das erbrachten vor allem die Untersuchungen von Professor Dr. Wighart von Koenigswald – lebte tatsächlich überwiegend auf Bäumen im weiteren Umkreis des Messeler Sees. Er ernährte sich keineswegs von Fleisch, sondern hauptsächlich von Früchten. Andere Tiere hatte er kaum zu fürchten: Wiewohl ein ausgesprochener Vegetarier, war er mit seiner Kopf-Rumpf-Länge von 60 Zentimetern durchaus eine respektable Erscheinung und konnte sich „mit Klauen und Zähnen" gewiß recht wirkungsvoll gegen Angreifer verteidigen.

Es bleibt die Frage, wie *Kopidodon,* wenn er kein Urraubtier war, einzuordnen war. Die Paläontologen stellten ihn schließlich zu den Urhuftieren (Condylarthra), einer sehr altertümlichen, vielgestaltigen Gruppe, die erstmals in der jüngsten Oberkreide und damit vor mehr als 65 Millionen Jahren auftrat. Diese Zuordnung mag überraschen: Mit den Huftieren, wie wir sie kennen, scheint *Kopidodon* weder rein äußerlich noch als baumlebendes Klettertier etwas gemein zu haben. Doch die Paläontologen fassen unter den Condylarthra eine Vielzahl von Tieren zusammen, die zwar der stammesgeschichtlichen Wurzel der Huftiere nahestehen, aber noch nicht über deren spätere Spezialisierungen im Körperbau verfügen.

Wichtig ist an den vollständigen Messel-Funden von *Kopidodon macrognathus,* daß sie für viele Tiergruppen erstmals die Möglichkeit gaben, mit Hilfe des Knochenbaus Näheres über ihre Bewegungs- und Lebensweise zu erfahren. Das Messeler Urhuftier starb übrigens noch während des Alttertiärs aus.

Unter den Huftieren spielen in der Gegenwart die Paarhufer mit rund 170 Arten zweifellos die wichtigste Rolle. Dagegen ist die Verbreitung der Unpaarhufer – zu denen unsere Pferde gehören – mit nur 16 Arten stark rückläufig. Im Eozän sah es genau umgekehrt aus: Damals nahmen die Pferde- und Tapirartigen einen gewaltigen Aufschwung. Von den Paarhufern gab es im Eozän zwar bereits alle drei heutigen Gruppen (Schweineartige, Schwielensohler und Wiederkäuer); aber von ihrer Rolle als bedeutendste Pflanzenfresser unter den Säugetieren waren sie noch weit entfernt. So überrascht es nicht, daß die Paarhufer in Messel nur spärlich vertreten sind. Bis heute kennt man nur zwei Arten: *Messelobunodon schaeferi* und *Messelobunodon martini.*

Bei *Messelobunodon* handelt es sich um einen recht ursprünglichen Paarhufer. Das

Aumelasia ist einer der in Messel seltenen Paarhufer. Auffällig der lange Schwanz dieses 60 Zentimeter langen, besonders gut erhaltenen Exemplars. Der Schädel wurde leicht nach rechts gedreht, so daß man auf das Schädeldach sieht. Der beim Trocknen geschrumpfte Mageninhalt zeigt viele Risse.

erkennt man zum Beispiel daran, daß seine Vorderextremitäten noch fünf Zehen besaßen; bei den heutigen Paarhufern fehlt stets die erste Zehe. Außerdem sind die Mittelfußknochen der dritten und vierten Zehe noch nicht miteinander verschmolzen.

Unter den modernen Paarhufern finden wir alle wichtigen Nutztiere wie Schweine und Rinder, Schafe und Ziegen. Sie stellen gegenwärtig die Masse der großen Säugetiere auf unserer Erde. Ihr Messeler Vorläufer brachte es dagegen nur zu bescheidener Größe: Vom Kopf bis zum Schwanzansatz war er nicht länger als einen halben Meter. Wie hat er gelebt?

Auskunft geben zunächst die wenigen, aber erfreulich vollständigen Skelette. An ihnen fällt sofort auf, daß *Messelobunodon* verhältnismäßig kräftige Hinterbeine, dagegen recht kurze Vorderextremitäten besaß. Man könnte an ein Tier denken, das gut sprang und mit seinem langen Schwanz die Balance hielt.

Doch die Untersuchung von Mageninhalt führt zu einem anderen Ergebnis. Dr. Gotthard Richter fand darin Blätter, Samenkapseln, Holzstückchen und Sandkörner – eine recht wilde und, wie es scheint, wenig bekömmliche Speisenfolge. Dabei sind die Blattreste durch Pilze stark zerstört und die Samenkapseln leer. Richters Erklärung: Hier handelt es sich wahrscheinlich nur um „Beifang“, um Material, das das Tier zufällig aufgenommen hat. Als echte Nahrung muß man Reste von Pilzen und Flechten betrachten, auch wenn sie nur ein Fünftel des reichlich vorhandenen Mageninhalts ausmachen.

Skelettmerkmale und Mageninhalt führen demnach zu folgender Rekonstruktion des Paarhufers: *Messelobunodon schaeferi* besaß (ähnlich wie die Urpferdchen) eine keilförmige Gestalt, mit der sich das Tier im dichten Wald besonders gut bewegen konnte. Der wendige, leichtfüßige Säuger hatte die lange Schnauze tief am Waldboden, den er nach Pilzen, Flechten, Knollen oder auch nach herabgefallenen Früchten durchwühlte, ohne dabei besonders wählerisch zu sein. Richter vermutet sogar, daß *Messelobunodon* ein „herbivorer Allesfresser“ war, also zwar pflanzliche Nahrung bevorzugte, aber mehr oder minder regelmäßig auch fleischliche Kost zu sich nahm: Würmer, Insekten oder Schnecken, die er in der Laubstreu des Waldbodens fand.

Mit seiner Ernährungsweise erinnert *Messelobunodon* stark an die heutigen Vertreter der Suinidae. Und so dauerte es auch nicht lange, bis der Messeler Paarhufer zumindest in die populäre Literatur als „Urschwein“ einging. Mit dieser Etikettierung werden zwar die komplizierten Wege der Evolution in unzulässiger Weise vereinfacht. Etwas Wahres ist trotzdem dran: *Messelobunodon,* so Storch, gehört tatsächlich zu jener Paarhufer-Familie, die die Paläontologen als Stammgruppe aller Paarhufer betrachten – und damit auch der Schweine.

Kopidodon ist ein Urhuftier mit kräftigem Skelett. Dieses etwa 50 Zentimeter große Exemplar war noch jung. Es ist im Bereich von Schädel und Vorderbeinen unvollständig. Dafür haben sich Reste des Felles deutlich erhalten.

Messeler Markenzeichen

Urpferde

Durchs Unterholz des Messeler Urwalds schlüpfen paarweise oder einzeln kleine Huftiere. Sie äsen hier und da im Gebüsch, fressen Laub, Blüten und Früchte, wo sie mit ihrer Körpergröße von nicht einmal einem Meter für sie erreichbar sind. 49 Millionen Jahre später werden sie den Ruhm der Grube Messel in alle Welt tragen.

Messel und die Urpferde – sie gehören einfach zusammen. Sie sind geradezu das Markenzeichen der Grube Messel geworden – mit gutem Grund: An ihnen läßt sich so klar wie an keinem anderen Messel-Fossil die Bedeutung der Fundstelle ablesen.

Pferde standen dem Menschen stets besonders nahe, haben häufig seinen Weg begleitet. Von Hund und Katze abgesehen, haben wir zu keinem anderen Tier eine engere Beziehung. Das mag ein Grund gewesen sein, daß sich Darwin und seine Mitstreiter mit der Entwicklung der Pferde besonders intensiv beschäftigt haben. Ihr Stammbaum gilt längst als Paradebeispiel für die Evolutionstheorie, jenes Gedankengebäude, das uns eine klare Vorstellung von der Herkunft und Entwicklung allen Lebens verschafft hat.

1910 kam in Messel das erste fossile Urpferdchen ans Tageslicht. Es dauerte aber bis 1972, ehe Wissenschaftler erstmals ein komplett erhaltenes Urpferd bergen konnten. Dann allerdings ging es Schlag auf Schlag; bis heute ist die Messeler Urpferd-„Herde“ auf nahezu 50 Fundstücke angewachsen, darunter viele vollständig erhaltene Exemplare. Zum Vergleich: Aus dem nordamerikanischen Eozän kennt man nur ein einziges komplettes Urpferd!

Bald entdeckten die Paläontologen, daß sie es mit zwei verschiedenen Urpferd-Arten zu tun hatten. Bei ihrer Bezeichnung begegnet uns ein für die Paläontologie typischer Sachverhalt: Meist gibt es für ausgestorbene, nur versteinert überlieferte Tiere (und Pflanzen) keine deutschen Namen. Und so bleibt auch dem Laien die wissenschaftliche Bezeichnung nicht erspart. Der „Vorname“ bezeichnet dabei die Gattung, der „Nachname“ die genaue Art.

Das größere der beiden Urpferdchen, *Propalaeotherium hassiacum* („das hessische“), wurde noch nicht einmal so groß wie ein Schäferhund, rund einen Meter lang, und seine Schulterhöhe betrug etwa 50 Zentimeter. Sein kleinerer Verwandter, *Propalaeotherium parvulum* („das ziemlich kleine“, früher auch zeitweise *messelense* genannt), wurde dagegen nur einen halben Meter lang und war mit rund 35 Zentimeter Schulterhöhe etwa so groß wie ein Foxterrier. Beide sahen unseren heutigen Pferden schon recht ähnlich. Es gab aber auch auffällige Unterschiede. Ihre Körperform war insgesamt gedrungener, keilförmiger – sie ähnelten in Proportion und Erscheinungsbild am ehesten der heute im Urwald lebenden Ducker-Antilope. Das ist kein Zufall: In beiden Fällen ist die Körperform eine Anpassung an den Lebensraum. Mit ihrer keilförmigen Gestalt – und dank ihrer geringen Größe – kamen die Urpferde, ebenso wie heute die Ducker-Antilopen, im dichten, am Boden wahrscheinlich stark verkrauteten Urwald rund um den See viel leichter voran.

Die Körperform ist nicht der einzige Unterschied zwischen „alt“ und „modern“. Unsere heutigen Pferde haben einen einzigen Huf, der aus einer Zehe hervorgeht. Ganz anders die Messeler Urpferde. Sie besaßen an den Vorderfüßen jeweils vier Zehen und an den Hinterfüßen drei. Elle und Speiche, Schienbein und Wadenbein waren noch nicht, wie bei modernen Pferden, miteinander verwachsen. Auch hier spiegeln körperliche Merkmale die Anpassung an den Lebensraum deutlich wider: Auf mehreren Zehen gehend, sinkt man im weichen, sumpfigen Waldboden nicht so leicht ein. Übrigens: Auch die heutigen Tapire, Verwandte unserer Pferde, leben häufig in feuchten Waldgebieten; sie haben ebenfalls mehrere Zehen an jedem Fuß.

1975 entdeckten die Paläontologen im Hinterleib eines kompletten Messeler Ur-

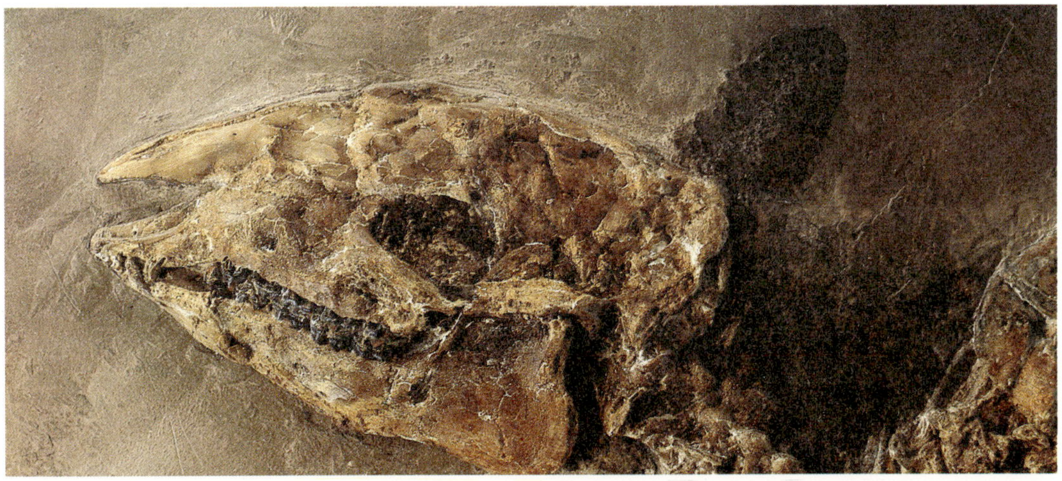

Bei diesem halb erwachsenen Urpferd (Propalaeotherium parvulum) von der sechsten Sohle der Grube Messel sind die Extremitäten bereits ziemlich zerfallen. Das Fossil zeigt klare Hautumrisse und als Besonderheit oberhalb des Hinterkopfes den Hautschatten des Ohres.

Die Urpferde des Eozäns – rechts eine Rekonstruktion des Propalaeotherium hassiacum – waren ebenso urwaldbewohnende Busch-Schlüpfer wie heute die Zebraducker-Antilopen (unten). In Anpassung an diese Lebensweise entwickelten beide eine ungewöhnliche Körperform: Sie ist tropfenförmig und läuft nach vorne spitz zu.

pferdchens einen großen dunklen Fleck, der ihnen zunächst Rätsel aufgab. Sie nahmen Proben der schwarzen Masse, bedampften sie mit Gold und legten sie unter das Rasterelektronenmikroskop. Das Ergebnis war eine wissenschaftliche Sensation: Die Forscher hatten es mit dem hervorragend konservierten Mageninhalt eines Urpferds zu tun, und der zeigte eindeutig, daß das Tier vor seinem Tod Laubblätter gefressen hatte, vor allem von Lorbeergewächsen; es fanden sich aber auch Blütenblätter des Gagelstrauchs, und selbst Weintrauben standen auf dem Speiseplan der Vielhufer: Die „Körner" im Pferdemagen waren Kerne von Traubenbeeren.

Was ist daran so aufregend? Schon 1876 hatte sich der Evolutionsbiologe Kovalevsky mit der Pferde-Entwicklung beschäftigt. Er kam zu einer zunächst rein theoretischen Schlußfolgerung: Die Entwicklung von den kleinen Urpferdchen zu den mannshohen heutigen Vertretern dieser Art müsse mit einem Wechsel des Lebensraums und mit einem Wandel in der Ernährung einhergegangen sein. Was bisher nur ein Gedankenspiel war, bestätigte sich mit der Entdeckung von 1975 in brillanter Weise: Die Vorfahren unserer grasfressenden Steppentiere waren blätterfressende Waldbewohner.

Zum selben Ergebnis führte eine weitere Beobachtung. Die Messeler Pferde besitzen

Das große Messeler Urpferd (Propalaeotherium hassiacum) ist viel gedrungener gebaut als sein kleinerer Verwandter (Propalaeotherium parvulum). Unser Bild zeigt den ersten kompletten Fund des großen Urpferdes. Er gehört heute zu den Schätzen des Staatlichen Museums für Naturkunde in Karlsruhe. Die Körperlänge beträgt 90 Zentimeter.

Der eozäne Tapir Hyrachius hatte noch keinen so langen Rüssel wie dieser Schabrackentapir, einer seiner modernen Nachfahren.

Hyrachius, zunächst für ein Urpferd gehalten, hat schlankere Extremitäten und auch ein anderes Gebiß. Er zählt zu den Tapirverwandten und wurde etwa so groß wie die größere Messeler Urpferdart. Dieser Tapir hat eine Länge von etwa 90 Zentimetern und aufgerichtet 60 Zentimeter Schulterhöhe.

Zähne mit niedrigen Kronen und stumpfen Höckern; die Zähne der heutigen Pferde haben dagegen mehrere Zentimeter hohe Kronen, deren Oberfläche kompliziert gefältelt ist. Solch ein hoch entwickeltes Gebiß brauchen sie auch, denn sie fressen Gras, und das stellt an die Kauwerkzeuge beträchtliche Anforderungen: Gras enthält kristalline Kieselsäure, die auf die Zähne wie Schleifpapier wirkt. Den laubfressenden Urpferden, die ihren Speiseplan gelegentlich mit Blüten und Früchten abrundeten, genügte dagegen ihr vergleichsweise einfaches Gebiß.

An welcher Stelle im Stammbaum der Familie Equidae (Pferdeartige) stehen die Messeler Urpferdchen? Die Entwicklung begann wohl in Nordamerika (vielleicht aber auch, wie der Frankfurter Wissenschaftler Dr. Gerhard Storch vermutet, in Afrika). In Nordamerika wurden jedenfalls Reste von *Hyracotherium,* dem ältesten bisher bekannten Pferde-Vorfahren, entdeckt; ihr Alter beträgt etwa 60 Millionen Jahre. *Hyracotherium* war ein etwa hasengroßer Laubfresser. Aus diesem Stamm spaltete sich später als Seitenzweig *Propalaeotherium* ab. Daß man in Europa Vertreter dieser Gattung gefunden hat, ist ein Beleg dafür, daß zu Beginn des Eozäns zwischen beiden Kontinenten eine Landbrücke bestanden hat; sie verband den nordamerikanischen Kontinent über Neufundland und Grönland mit Europa, hat aber schon zur Zeit des Messeler Sees, aus dem sich die Fossilfundstätte entwickelte, nicht mehr bestanden.

Propalaeotherium erwies sich allerdings als ein Ast ohne Fortsetzung: Schon im oberen Eozän starben die Messeler Urpferde aus. Die Hauptentwicklung der Pferde vollzog sich in Nordamerika. Von dort wanderten sie zwar mehrmals in die Alte Welt aus. Doch erst jene Pferde, die während des Pleistozäns, vor zwei Millionen Jahren, Europa erreichten, konnten sich hier auf Dauer halten. Ironie der (Entwicklungs-)Geschichte: In Nordamerika starben die Pferde gegen Ende der Eiszeit aus; erst die spanischen Kolonisatoren brachten sie im 16. Jahrhundert nach Amerika zurück und schufen damit die Voraussetzung dafür, daß die Indianer später auf ihren Mustangs sattellos durch die weiten Ebenen jagen konnten ...

Nicht nur die Fülle der Messeler Funde ist andernorts ohne Beispiel, sondern auch so mancher Einzelfund. Gleich dreimal erwies sich ein fossil erhaltenes Urpferd als trächtige Stute! Alle drei trugen jeweils nur einen Embryo. Auch daraus ziehen die Paläontologen ihre Schlüsse. Für den Bonner Messel-Experten Professor Dr. Wighart von Koenigswald waren die trächtigen Stuten Anlaß, über die Fortpflanzungsstrategie der Urpferde nachzudenken. Er schreibt: „Bei den Säugetieren gibt es nun zwei sehr unterschiedliche Fortpflanzungsstrategien, über deren Alter wenig bekannt ist. Die einen, wie etwa Raubtiere und Nagetiere, werfen in der Regel eine große Zahl relativ unfertiger Jungen, die dann für eine längere Zeit im Schutz ihres Baues oder Nestes bleiben und heranwachsen. Auf der anderen Seite zeigen häufig Herdentiere, aber auch z. B. Primaten, eine andere Strategie. Hier wird ein einziges Junges oder in Ausnahmefällen werden auch Zwillinge geboren, die dann unter Umständen viel weiter entwickelt sind. Im Fall von Herdentieren können sie dann sehr bald der Herde folgen. Die Funde von Messel belegen nun eindeutig, daß diese noch sehr kleine Urpferdchen ... bereits die Fortpflanzungsstrategie der modernen Pferde und damit reduzierte Zahl der Embryonen besessen haben. Eine derartige Information kann man allerdings nur aus sehr wenigen Fossillagerstätten gewinnen. Messel gehört dazu" (Heil, von Koenigswald u. a., Fossilien der Messel-Formation. Darmstadt 1987).

Eine der drei trächtigen Stuten trug einen Fötus mit weitgehend ausgereiftem Skelett, das komplett erhalten blieb. Die werdende Pferdemutter stand kurz vor der Geburt – der Embryo befand sich bereits in „vorgeburtlicher Lage". Und an der hat sich offen-

Eine Urpferdstute kurz vor der „Entbindung“: Die Knochen des teilweise stark zerfallenen Fohlens sind heller erhalten als die der Mutter. Schädeldach und Halswirbel sind schon in Richtung Becken (nach links) ausgerichtet.

bar vom unteren Eozän bis heute nichts geändert: Schon damals vollzog der Embryo vor der Geburt im Mutterleib eine Drehung, die bis heute für alle Pferde typisch ist.

Messeler Urpferdchen – das sind nicht allein drei Dutzend interessanter Einzelfunde; hier eröffnet sich vielmehr die Chance, bis ins kleinste das Aussehen, die Lebensweise und den Lebensraum von Tierarten zu rekonstruieren, die längst wieder verschwunden waren, ehe die Entwicklung zum Menschen begann.

Der Fund sah aus wie ein Urpferd, und zwar wie ein besonders großes Exemplar: 125 Zentimeter lang war das ausgesprochen gut erhaltene Stück, und seine Schulterhöhe betrug 60 Zentimeter. Vorne hatte es vier, hinten drei Hufe. Eine Zeitlang galt der Fund von Dr. Gerhard Jores denn auch als das größte Messeler Urpferd. Dann sah Dr. Jens Franzen vom Frankfurter Forschungsinstitut Senckenberg dem Prachtstück einmal genauer auf die Zähne. Und da zeigte sich an Kleinigkeiten, die nur der Fachmann erkennt, daß es sich um einen Vertreter der Tapirartigen handelte.

Die Verwechslung ist entschuldbar: Pferde und Tapire sind, so sehr uns das heute verwundern mag, eng miteinander verwandt. Beide gehören – ebenso wie die Nashörner – zu den Unpaarhufern. Die erkennt man daran, daß bei ihnen die mittlere Zehe („der mittlere Strahl“, wie die Zoologen sagen) die Hauptlast des Körpers trägt; die anderen Zehen werden nicht benötigt und bilden sich im Lauf der Entwicklungsgeschichte zurück – unsere heutigen Pferde sind Einhufer. Bei den Paarhufern sind dagegen der dritte und vierte Zeh besonders stark entwickelt und durch eine Längsachse getrennt.

Urpferde und Tapire sahen einander deshalb so ähnlich, weil sie von einem gemeinsamen Vorfahren abstammen: *Homogalax*. Er ist aus dem unteren Eozän von Nordamerika und China bekannt. Im Eozän haben sich nicht nur die Pferde, sondern auch die Tapire stark entfaltet. Damals gab es vier Tapirfamilien. Der Fund von Messel, ein Vertreter der Art *Hyrachyus minimus,* gehört zu einer Familie, die in Europa und Nordamerika vorkam.

Der Fund des bislang größten Messeler Säugers ist bisher einzigartig. Das überrascht durchaus. Denn aus einer anderen Fundstelle des Eozäns, dem Geiseltal bei Halle an der Saale, kennt man bis heute über 300 Tapir-Funde. Darunter waren mit bis zu 2,5 Meter Länge und einem Meter Höhe bedeutend größere Tiere. So wird auch der Artname *minimus,* der kleine, verständlich. Daß man in Messel nur einen kleinen Tapir fand und auch bei den Raubtieren nur kleinere Formen bekannt sind, hat von Koenigswald dahingehend gedeutet, daß die Umgebung des Messeler Sees sumpfig war, und große Tiere sich deshalb nicht dorthin getrauten: Sie wären aufgrund ihres Körpergewichts nur zu leicht im Sumpf eingesunken und gestorben.

Die Blütezeit der Tapire lag im Tertiär. Heute gelten sie als „lebende“ Fossilien, denn ihre Entfaltung war – wie die der anderen Unpaarhufer – erdgeschichtlich nur von kurzer Dauer. Von der einstigen Vielfalt sind lediglich vier Arten einer einzigen Gattung *(Tapirus)* geblieben. Sie werden 180 bis 250 Zentimeter lang, erreichen eine Schulterhöhe von 75 bis 120 Zentimeter. Die plump aussehenden Waldtiere pflücken mit ihrer rüsselartig verlängerten Oberlippe pflanzliche Nahrung ab. Eine einzige Art, der Schabrackentapir, kommt in Südostasien vor, die drei anderen in Südamerika, wo sie während der Eiszeit über die mittelamerikanische Landbrücke einwanderten. In Europa sind sie heute ausgestorben.

Tapire, die unseren heutigen ähnlich sehen, gab es im Eozän noch nicht; erst in der folgenden Epoche der Erdgeschichte, dem Oligozän, entwickelten sich die für die heutigen vier Tapirarten typischen rüsselförmigen Nasen.

Die Herrentiere treten auf

Halbaffen

Zu den aufregendsten Kapiteln der Wissenschaftsgeschichte gehört die Frage des Menschen nach seiner eigenen Herkunft: Wo liegen unsere stammesgeschichtlichen Wurzeln? Welche verwandtschaftlichen Beziehungen verbinden uns mit der Tierwelt, wo ist unser Platz im zoologischen System? „Nosce te ipsum!" – erkenne dich selbst, schrieb vor mehr als 200 Jahren der große schwedische Naturforscher Carl von Linné lapidar hinter die Bezeichnung *Homo sapiens;* mit diesem Namen hatte er den Menschen wissenschaftlich bezeichnet und sozusagen im Handstreich in sein zoologisches System einbezogen – hundert Jahre bevor Darwin mit seiner Abstammungslehre die Gemüter erhitzte.

Der Weg zur Selbsterkenntnis war lang und beschwerlich: Unzählige Funde mußten ausgewertet, Fakten zusammengetragen werden, damit ein halbwegs klares Bild unserer Stammesgeschichte entstehen konnte. Dieser Prozeß ist längst noch nicht abgeschlossen. In den letzten zwölf Jahren hat auch die Grube Messel einige wertvolle Mosaiksteine zur Rekonstruktion unserer Vorgeschichte beigesteuert.

Es begann 1975. Damals schürfte die Geologische Abteilung des Hessischen Landesmuseums (Darmstadt) in der Grube Messel. Zu ihrer Ausbeute gehörte auch ein Säugerfossil, das Professor Dr. Wighart von Koenigswald erst 1978, nach der Präparation, als Teilskelett eines Halbaffen beschreiben konnte. Halbaffen zählen zur Ordnung der Herrentiere oder Primaten – ebenso wie die Affen und der Mensch. Sie besitzen sowohl Merkmale von Insektenfressern (von denen sich die Primaten am Ende der Kreidezeit abgespalten haben) als auch von Affen. Die Grube Messel hatte damit erstmals fossile Reste von entfernten Verwandten des *Homo sapiens* geliefert.

Leider ist dieser Fund recht unvollständig: Er umfaßt nur die beiden hinteren Extremitäten und das Becken. Dagegen fehlt die vordere Hälfte und damit auch das Gebiß, mit dessen Hilfe in der Regel die Gattungen und Arten bestimmt werden. Dennoch ließ sich das Fossil als ein Lemur identifizieren und damit als ein Verwandter jener Halbaffen, die heute ausschließlich auf Madagaskar vorkommen.

Seine Füße waren bereits hochspezialisiert. Wie der Mensch den Daumen konnte der Lemur die große Zehe den anderen Zehen frei gegenüberstellen; er besaß also einen idealen Kletterfuß. Alle Zehen waren mit flachen Nägeln versehen. Nägel, wo sonst Krallen wachsen – das ist ein typisches Kennzeichen der Primaten! Die zweite Zehe, auffallend verlängert und stark gekrümmt, eignete sich besonders gut zur Körperpflege und erfüllte damit die Funktion der „Putzzehe", wie man sie bei heutigen Lemuren kennt.

Über dem linken Oberschenkel des Lemuren-Fragments liegt ein symmetrischer Knochen von viereinhalb Zentimeter Länge. Nach Lage und Form kann es sich dabei nur um den Penisknochen handeln, das sogenannte Baculum. Diesen Knochen zur Festigung des Penis besaßen alle ursprünglichen Säugetiere; erst bei höher entwickelten Formen wird er durch den Schwellkörper ersetzt. Raubtiere haben heute noch ein Baculum – und im Gegensatz zum Menschen auch die Affen.

Was die Experten bei dem Lemuren von Messel überraschte, war die Länge dieses Knochens: Sie beträgt 46 Millimeter. Bei den heutigen Halbaffen liegt sie, unabhängig von der Körpergröße, bei etwa 10 Millimeter; nur eine einzige Art besitzt ein Baculum bis zu 20 Millimeter Länge. Von Koenigswald überlegte deshalb, ob dieser Penisknochen überhaupt zum Skelett gehört oder zu einem anderen Tier und ob er vielleicht nur zufällig mit eingelagert wurde. Doch die „Säugetierdichte" in Messel ist sehr gering; außerdem liegt das Baculum exakt an der richtigen Stelle des Beckens. So ist es mit großer Wahrscheinlichkeit ein originaler Bestandteil des „Darmstädter" Halbaffenskeletts.

Während der 15 Jahre Grabungstätigkeit wurden in Messel nur fünf Reste von Halbaffen gefunden. Der jüngste Fund stammt aus dem Jahr 1990. Das Karlsruher Grabungsteam fand die beiden vollständigen Hinterbeine und den etwa 17 Zentimeter langen Schwanz eines Europolemur. Das Detailbild zeigt die fünf Zentimeter langen Füße.
Der Goldene Bambuslemur (Hapalemur aureus), der erst 1887 von Bernhard Meier, Ruhruniversität Bochum, entdeckt wurde, ist ein moderner Verwandter des Messeler Halbaffen.

1982 bargen Mitarbeiter des Senckenberg-Instituts den bisher vollständigsten Fund eines Primaten nicht nur der Grube Messel, sondern des gesamten europäischen Paläogens, der „älteren" Hälfte des Tertiärs. Wieder handelte es sich nur um ein Fragment; doch diesmal war die vordere Körperhälfte mit dem Schädel und nahezu vollständiger Bezahnung erhalten. So konnte der wissenschaftliche Bearbeiter, Dr. Jens Lorenz Franzen, diesen Halbaffen als neue Art beschreiben; er gab ihr den Namen *Europolemur koenigswaldi*.

Das Senckenberg-Exemplar bricht exakt dort ab, wo das Darmstädter Exemplar und ein weiterer Primaten-Fund des Staatlichen Museums für Naturkunde, Karlsruhe, von 1984 beginnen. Gehörte das senckenbergische Fragment vielleicht zum selben Individuum wie der Darmstädter oder der Karlsruher Lemur? Solche Spekulationen sind zwar reizvoll, doch sie entbehren jeder Grundlage: Die drei Fundstellen in der Grube Messel liegen jeweils fast 400 Meter auseinander. Und während es sich beim vorderen Teil um ein Jungtier im Zahnwechsel handelt, stammen die beiden anderen Reste von ausgewachsenen Männchen. Ohnehin ist offen, ob alle drei Halbaffenskelette tatsächlich eine einzige Art repräsentieren.

Es war nicht einfach, aus dem unvollständigen Fund von *Europolemur koenigswaldi* auf seine „Paläobiologie", sein Aussehen und seine Lebensweise, zu schließen. Dennoch können wir uns den Messeler Halbaffen etwa so vorstellen: Er war gut zwei Kilogramm schwer und etwa so groß wie der heutige Schlanklori, ein in zoologischen Gärten oft zu sehender Halbaffe. *Europolemur* war ein tagaktiver Baumbewohner, der recht gut mit aufgerichtetem Rumpf klettern und springen konnte. Sein Gebiß läßt darauf schließen, daß er sich hauptsächlich von Früchten und Insekten ernährte.

1985 entdeckte Franzen bei der Durchsicht von Sammlungsbeständen aus dem Jahre 1982 ein viertes Primaten-Fragment: die vorzüglich erhaltene Hand, genauer gesagt den rechten Unterarm eines Halbaffen. Dieser Fund ist bisher noch nicht näher bestimmt. Das fünfte Exemplar ist wieder ein Jungtier. 1990 wurde es von Karlsruher Paläontologen geborgen. Hier blieb erstmals der komplette Schwanz erhalten, so daß man jetzt an die Rekonstruktion dieses Primaten herangehen kann. Halbaffen waren im Eozän in Europa vermutlich weit verbreitet. So kennt man aus dem Geiseltal zahlreiche Funde. Es überrascht deshalb, daß die Grube Messel bisher nur fünf Primatenskelette geliefert hat, von denen obendrein keines in der für Messel typischen Vollständigkeit erhalten ist. Woran liegt das?

Franzen vermutet, daß die meisten in der Grube Messel konservierten Landsäugetiere Wasserleichen waren, Opfer plötzlich auftretender Hochwasser oder vulkanischer Gas- oder Dampf-Ausbrüche. „Nur so lagen Tod, Transport und Einbettung am Boden des Messeler Sees zeitlich so eng beieinander, daß die Kadaver unter den seinerzeit herrschenden subtropisch-tropischen Klimabedingungen nicht verwesten, sondern vollständig zur Ablagerung kamen." Die Halbaffen als ausgesprochene Baumbewohner gerieten allerdings nur selten in Gefahr, von derartigen Katastrophen überrascht zu werden.

Es bedurfte deshalb besonderer Umstände, damit überhaupt einmal Primaten an und in den Messeler See gelangten. Von Koenigswald und Franzen halten es für möglich, daß die Halbaffen Krokodilen zum Opfer fielen, die sie zum Beispiel an einer Tränke überraschten. Die großen Reptilien, die im See von Messel recht häufig waren, zogen die Beute unter Wasser, zerrissen sie und schleppten sie an den Ort ihrer späteren Einbettung. Das könnte auch erklären, warum die Lemuren aus der Grube Messel bisher stets nur als Fragmente und nicht als vollständige Exemplare erhalten sind.

Was Messel noch verspricht

Erdgeschichte, die Zukunft hat

Die Grube Messel muß für die Wissenschaft offen bleiben. Paläontologen aus dem In- und Ausland werden nicht müde, darauf zu pochen. Warum eigentlich? So paradox es klingen mag: Die Fülle der bisherigen Funde ist zugleich das sicherste Anzeichen dafür, daß hier noch viel mehr wertvolles Material ruht, als in den letzten Jahrzehnten geborgen wurde. Was erwarten die Experten?

Die Bewohner des eozänen Sees von Messel kennen wir durch zahlreiche Fossilfunde verhältnismäßig genau. Deshalb hält es Professor Dr. Siegfried Rietschel für wenig wahrscheinlich, daß heute noch neue Arten von Wasserbewohnern in großer Zahl auftauchen – von der einen oder anderen Fisch-Rarität vielleicht einmal abgesehen. Viel Neues verspricht sich der Karlsruher Experte dagegen von jenen Tieren, die einst im umliegenden Wald gelebt haben. Es ist gut möglich, daß hier sogar noch Tiergruppen zum Vorschein kommen, die bisher weder von Messel noch von anderen Fundstellen bekannt sind. Rietschel erwartet vor allem fossile Reste von Baumbewohnern, aber auch von bodenlebenden Tieren, vielleicht sogar neue Arten, von denen die Fachwelt bisher lediglich aufgrund amerikanischer Funde eine bescheidene Ahnung hat.

Manche Tiergruppen sind in Messel zwar durch einzelne oder sogar durch viele Einzelfunde belegt; dennoch fehlt bei vielen Gruppen bis heute der Überblick. Das gilt zum Beispiel für die Echsen – speziell für die moderneren Schuppenechsen – und für die Schlangen. Die Vögel sind, abgesehen von einzelnen Arten und wenigen Gattungen, trotz vieler großartiger Fossilien praktisch noch unbearbeitet. Gerade von ihnen verspricht sich Rietschel noch aufsehenerregende Neufunde. Denn während man zum Beispiel in den eozänen Fundstellen von Quercy in Frankreich und Buxweiler im Elsaß nur einzelne Vogelknochen findet (was das Fundspektrum natürlich drastisch einengt) und aus dem Geiseltal heute keine Neufunde mehr kommen, besteht in Messel die einzigartige Chance, daß sich im Zuge weiterer Ausgrabungen eines Tages ein weites Spektrum einer eozänen Waldvogelgesellschaft rekonstruieren läßt.

Doch es geht nicht allein um neue Tiergruppen, -gattungen und -arten. Die Paläontologen hoffen darüber hinaus, daß weitere Funde ihre Erkenntnisse über bereits vorhandenes Material bestätigen und neue Informationen liefern. Rietschel verweist auf das Beispiel der Schuppentiere. Hier war erst beim dritten, keineswegs besonders gut erhaltenen Exemplar das entscheidende Indiz zu finden: eben jene Schuppenreste, die für eine bedeutende paläobiologische Aussage noch fehlten. So kann jeder Neufund dazu beitragen, auch eine schon vorhandene Art genauer zu beschreiben, ihre Lebensweise und ihre Umwelt besser zu verstehen.

Eine besondere Rolle spielen dabei die Mageninhalte. Sie werden heute bei jedem Neufund untersucht. Auf diese Weise erfahren wir nicht nur etwas über den Speisezettel der Tiere, sondern auch über die Vegetation ihres Lebensraumes, das Klima und so weiter. Die mikroskopische Untersuchung von Mageninhalten hat häufig Hinweise auf eozäne Pflanzen geliefert, von denen sonst noch recht wenig bekannt ist. Je genauer die Wissenschaftler und Grabungsteams wissen, was alles noch im Ölschiefer steckt, um so größer ist die Chance, daß sie es bei der Durchmusterung des Fundmaterials auch tatsächlich entdecken.

Erst als es gelang, Fossilien aus der Grube Messel befriedigend zu konservieren, konnten die Wissenschaftler dieses Archiv der Erdgeschichte in vollem Umfang nutzen. Auch heute noch arbeiten Spezialisten an einer Verbesserung der Methoden; und so hoffen die Paläontologen, daß viele Funde, die sich bisher nur sehr unvollkommen erhalten lassen, in Zukunft dauerhafter und aussagekräftiger konserviert werden können. Das

Diese Süßwassergarnele gehört zu den seltensten Funden in Messel. Sie ist noch nicht wissenschaftlich bearbeitet. Körperlänge etwa 35 Millimeter.

Eine Verwandte unserer Sumpfdeckelschnecken. Die Struktur im Gehäuse könnte auf den „Deckel" zurückzuführen sein. Das kalkige Gehäuse selbst ist längst weggelöst. Erhalten blieb lediglich eine schwache Spur des organischen Häutchens, das einst das zwei Zentimeter große Gehäuse überzog.

gilt speziell für Insekten, aber auch für Weichkörperstrukturen und botanische Objekte wie Pflanzensamen, die derzeit überwiegend in Glycerin aufbewahrt werden. Die Hoffnung ruht vor allem auf den besonderen Qualitäten neuartiger wasserunempfindlicher Kunststoffe.

Spürbare Fortschritte innerhalb der nächsten zehn Jahre versprechen auch neue Untersuchungstechniken. Sie könnten zum Beispiel die wissenschaftliche Bearbeitung fossiler Bakterien und anderer Mikroorganismen entscheidend voranbringen. Auch die Durchforschung der Fossilien, bis hin zur molekularen Ebene, die Suche nach winzigsten Baustein-Resten des Lebens, steht ja erst am Anfang. Neue Methoden würden nicht nur der Messel-Forschung eine weitere Dimension erschließen – mit ihren Fossilien liefert die Fundstelle möglicherweise auch das Testmaterial für die neuen Verfahren.

Es genügt nicht, die Grube Messel nur für sich zu betrachten: Erst ein Vergleich mit anderen Eozän-Fundstellen führt zu einer richtigen Einschätzung der Funde – und zu der Erkenntnis, was eigentlich noch fehlt. Die wichtigsten Eozän-Fundstätten in Mitteleuropa sind neben Messel das schon mehrfach erwähnte Geiseltal bei Halle an der Saale, eine ehemalige Braunkohlenlandschaft; Buxweiler (Bouxwiller), 35 Kilometer nordwestlich von Straßburg; und schließlich Egerkingen im Schweizer Kanton Solothurn.

Überragende Bedeutung besitzt das Geiseltal. Zwar liefert es heute kein Material mehr, weil der Braunkohlentagebau eingestellt ist. Andererseits wurden hier im Zuge des Abbaus mehr Fossilien aus dem Eozän geborgen als irgendwo sonst in Europa. Dabei haben die Paläontologen bei vielen Tiergruppen entwicklungsbedingte Abweichungen im Körperbau gefunden, die jeweils für bestimmte Schichten typisch waren. Solche Unterschiede sind für die vergleichende Alterseinstufung von unschätzbarem Wert. Aus ihnen lassen sich Entwicklungslinien erstellen, mit denen man die vielen einzelnen Schichten gliedern und ihre korrekte zeitliche Aufeinanderfolge festlegen kann. Fossilreihen werden auf diese Weise zu einer Art erdgeschichtlichem Kalendarium, zu einer Meßlatte, mit der man einzelne Schichten „eichen" kann.

Solche Reihe liefern allerdings nur Tiergruppen, die sich im fraglichen Zeitraum rasch entwickelt haben. Fische, Amphibien und Reptilien erlebten im Eozän nur geringe Wandlungen; bei ihnen sind deshalb kaum Veränderungen erkennbar. Vögel und Säuger nahmen dagegen einen enormen Aufschwung: Von ihnen entstanden zur Zeit der Morgenröte kurzfristig viele neue Arten. Während Vogelfunde im Geiseltal selten sind, gibt es von den Säugetieren mehr als 5000 fossile Fundstücke; die Säuger haben deshalb entscheidende Bedeutung für die Stratigraphie des Eozäns. Als Stratigraphie bezeichnet man eine Teilwissenschaft der Geologie, die sich mit der zeitlichen Aufeinanderfolge der Schichtgesteine befaßt. Insbesondere bei den Pferdeartigen (Equiden), aber auch bei den Herrentieren (Primaten), den Tapiren (Tapiriden) und anderen Tiergruppen ließen sich stratigraphisch bedeutsame Entwicklungslinien aufzeigen.

Ohne diese Zeitskala wären die Messeler Funde nur sehr schwer richtig einzuordnen. Es hat sich nämlich gezeigt, daß die Messel-Formation eine stratigraphisch weit geringere Reichweite besitzt als die Geiseltal-Schichten, also eine viel kürzere erdgeschichtliche Spanne abdeckt. In diesem nach geologischen Maßstäben kurzen Zeitraum veränderten sich Tierarten und -ordnungen längst nicht so stark wie im Geiseltal. Außerdem ist trotz des fast hundertjährigen Ölschieferabbaus bisher nur ein kleiner Teil der Messeler Schichten mit Fossilien belegt. Die Fauna von Messel erscheint deshalb gegenwärtig noch sehr statisch: Sie liefert keine Entwicklungslinien, läßt also kaum Veränderungen innerhalb einzelner Tierarten erkennen. „Nur umfassende Ausgrabungen, für die ausreichend

Höchstens ein paar Wochen alt ist dieses nur zehn bis zwölf Zentimeter lange Jungkrokodil (vermutlich Diplocynodon).

Zeit zur Verfügung stehen muß, werden in diese ‚statische' Fauna vielleicht eine gewisse Dynamik der Evolution hineinbringen können!", betont Rietschel.

Besonders interessante Hinweise liefert ein Vergleich der Faunen verschiedener Fundstellen. Denn jede repräsentiert einen anderen Landschaftstyp und damit natürlich auch eine andere Tierwelt. Die Grube Messel beherbergt die Wasserbewohner eines subtropischen Sees, aber auch Baum- und Bodenbewohner aus dem umgebenden Wald. Im Geiseltal haben wir es mit einer Braunkohlenlandschaft mit Sumpfwäldern und vielen kleinen Seen inmitten einer Sumpf- und Moor-Vegetation zu tun. Von Buxweiler kommen Fossilien aus einem ganz anderen Lebensraum, nämlich einer offenen Busch-Savannen-Landschaft, und damit auch wesentlich mehr größere Tiere. Ein Vergleich der Faunenlisten zeigt zum Beispiel, daß Fledermäuse bisher nur im Geiseltal und in Messel aufgetaucht sind; Primaten kommen im Ölschiefer selten, im Geiseltal dagegen häufiger vor, während es bei den Nagetieren genau umgekehrt aussieht. Aus solchen Angaben kann man natürlich auch schließen, was in welcher Fundstelle „eigentlich" noch entdeckt werden müßte.

Die Paläontologen haben errechnet, daß die Tierwelt des Alttertiärs und damit auch des Eozäns ungefähr 50 Säugetierarten umfaßte. Aus einem mit Messel vergleichbar langen Ablagerungszeitraum, der Mittelkohle, kennt man im Geiseltal 35 Säugerarten, von Buxweiler 38 und von Egerkingen sogar etwa 50. Aus Messel sind dagegen bisher erst 20 Säugerarten bekannt geworden. Daß Messel auch in Zukunft wertvolle Funde, ja große Überraschungen bringt, ist also keine vage Hoffnung, sondern so gut wie sicher. „Man muß uns nur weiter systematisch nach Fossilien graben lassen", sagt Rietschel. „Was einige hunderttausend Jahre abgelagert haben, läßt sich eben nicht im Handumdrehen und unter Zeitdruck aus der Erde holen und erforschen!"

Unwiederbringlich verloren?

Messel unterm Müll

Am 16. März 1971 erfuhr die Öffentlichkeit von einem Gutachten des Hessischen Landesamtes für Bodenforschung. Darin hieß es, die Grube Messel sei – unter Beachtung gewisser Bedingungen – als Mülldeponie geeignet. Vier Monate später trat das neue Hessische Abfallgesetz in Kraft und schuf die rechtlichen Voraussetzungen für einen Zweckverband zur Abfallbeseitigung in der Grube Messel. 1974 gründeten die Stadt Darmstadt und die (damals noch nicht vereinigten) Landkreise Darmstadt und Dieburg den „Zweckverband Abfallbeseitigung Grube Messel" (später „Zweckverband Abfallverwertung Südhessen", kurz ZAS), der im November 1975 die Grube für zirka 10 Millionen Mark von der Ytong AG erwarb. Im Februar 1977 stellte der Zweckverband beim zuständigen Hessischen Oberbergamt in Wiesbaden den Antrag auf Planfeststellung zur Errichtung einer zentralen Abfallbeseitigungsanlage für Südhessen in dem ehemaligen Ölschiefer-Tagebau.

Was heute Fossilien-Freunden als Ungeheuerlichkeit erscheinen mag, löste damals nur zaghaften Protest aus. Was war schon die Grube Messel? Für die Bürger im Umkreis nicht viel mehr als ein riesiges, unansehnliches Loch in der Landschaft. Die Paläontologen sprachen zwar von einer bedeutenden Fundstelle, doch wie bedeutend sie war, das ahnten sie selbst damals nur in Umrissen.

Die Müllexperten dagegen sahen in ihr die Lösung ihrer wachsenden Nöte. Keine Frage: Dringender Bedarf war vorhanden. Südhessen ist nicht nur dicht besiedelt, sondern auch hoch industrialisiert. Vorhandene Deponieflächen reichten nicht mehr aus, und laut Verwaltung drohte in absehbarer Zeit der Müllnotstand. Als 1971 die Ölschiefergewinnung auslief, mußte die Grube Messel den bedrängten Abfallexperten wie ein Geschenk des Himmels erscheinen: 25 Millionen Kubikmeter Abfall konnten sie hier unterbringen – genug, um für die nächsten 20 bis 40 Jahre die Müllprobleme der Region zu lösen.

Für die Wissenschaft erwies sich die drohende Müllawine bald als ungeahntes Stimulans. Zwischen 1971 und 1974 waren es vor allem die Amateure, die laufend Schätze im Schiefer entdeckten, bargen und präparierten. Danach begann das Frankfurter Forschungsinstitut Senckenberg mit einer Art Notgrabung – niemand wußte ja, wie lange die Grube noch offen stehen würde. Andere Institute kamen hinzu. In kürzester Zeit war klar: Die Grube Messel war ein „kaum angekratzter" Schatz, eine Wirbeltier-Fundstelle von Weltrang. Das wenige Dutzend Hektar große Loch in der Erdkruste erwies sich als unvergleichliches Schaufenster der Erdgeschichte. Schicht für Schicht lieferte es neue Einsichten, erhellte es die verschlungenen Pfade der Evolution.

Zwischen der Wissenschaft und der ungeliebten Abfallwirtschaft entwickelte sich eine seltsame Koexistenz. Die Leute vom Zweckverband stellten den Ausgräbern immer wieder ihre schweren Räumgeräte zur Verfügung und halfen, die rutschungsgefährdeten Grubenhänge zu sichern. Sie pumpten nach und nach das Wasser am Grund der Grube ab (was sich die Forscher finanziell nie hätten leisten können!) und machten damit den Zugang zur sechsten Sohle frei; das ist die tiefste Abbauebene, die der Bergbau geschaffen hat. Hier bargen die Paläontolo-

Das häufigste Krokodil aus Messel ist das Diplocynodon darwini. Das obere Tier ist hier in Bauchlage eingebettet worden. Länge etwa 30 Zentimeter. Das unten abgebildete mittelgroße Exemplar präsentiert sich in Rückenlage. Wir blicken also auf den Bauch des Tieres.

gen Funde, von denen sie vorher nicht einmal geträumt hatten: Die erste trächtige Urpferdstute und ein vollständiges Exemplar eines fast einen Meter großen Laufvogels sind nur zwei von vielen berühmten Funden aus der Mitte des einstigen Sees. Vielleicht erklärt sich aus dem Zweckbündnis mit dem Zweckverband, daß die Wissenschaftler nur halblaut gegen die geplante Mülldeponie protestierten. Eine Klage haben sie nie angestrengt.

Glatte Ablehnung kam dagegen von vielen Gemeinden und Bürgern aus der Umgebung: 3000 Einwendungen lagen auf dem Tisch, als 1979 über den Planfeststellungsbeschluß verhandelt wurde. Viele Anwohner fürchteten Belästigungen durch Geruch und durch den anrollenden Müllverkehr. Heiß umstritten war auch die Frage, ob aus den Abfallmassen gefährliches Sickerwasser ins Grundwasser übertreten konnte oder nicht.

Ende 1981 erließ das Hessische Oberbergamt den Planfeststellungsbeschluß für die Abfalldeponie Grube Messel. Die Wissenschaftler konnten damit scheinbar zufrieden sein: Sie durften überall vor dem anrückenden Müll hergraben, und auf der als besonders fossilträchtig angesehenen Westböschung räumte ihnen das Bergamt sogar Grabungsrechte für zunächst 20 Jahre ein, eine Frist, die je nach den Erfordernissen auch noch verlängert werden konnte. 1982 begannen die Vorarbeiten für die Deponie außerhalb der Grube, 1984 die bauliche Erschließung in der Grube selbst. Die jährlichen Grabungskampagnen liefen währenddessen weiter. Und je mehr Nager und Fledermäuse, Insektenfresser und Urpferde, Schildkröten und Krokodile die Forscher dabei fanden, um so klarer erkannten sie, daß der angestrebte Kompromiß wissenschaftlich nicht mehr zu vertreten war. Messel versprach zuviel und war zu wenig erforscht und zu kostbar, um es für alle Zeiten im Müll versinken zu lassen.

1983 schien die wetterwendische Politik endlich einmal der Wissenschaft zu Hilfe zu kommen: Als „Preis“ für die Tolerierung einer sozialdemokratischen Minderheitsregierung in Wiesbaden setzten die Grünen im Hessischen Landtag unter anderem durch, daß die Grube Messel nicht mit Hausmüll verfüllt werden solle. Sie „wird als Naturdenkmal erhalten und deshalb unter Schutz gestellt ... Die paläontologische Nutzung der Grube ist finanziell, rechtlich und technisch zu sichern.“

Zu dieser Wendung der Dinge hatten auch ausländische Wissenschaftler beigetragen, vor allem Paläontologen aus Nordamerika. Dort waren in eozänen Schichten die ersten Urpferde entdeckt worden. Als die amerikanischen Eozän-Forscher von den hervorragenden Messel-Funden hörten, begannen sie nach Südhessen zu pilgern, studierten begeistert die Fundstelle und die hervorragenden Fossilien – und wollten nicht glauben, was sie dort von den Müll-Plänen hörten. Deutsche Paläontologen hatten in Bezug auf Messel vom „Parthenon der Paläontologie“ gesprochen. Die Amerikaner setzten noch eins drauf: „Die Grube“, erklärte Michael J. Novacek vom American Museum of Natural History in New York, „ist eine der größten paläontologischen Entdeckungen aller Zeiten. Nirgendwo sonst auf der Welt ist die Wirbeltier-Fauna aus der Zeit vor 50 Millionen Jahren so außerordentlich gut erhalten.“ Messel gilt mittlerweile rund um den Globus als bedeutendste Fundstelle des Tertiärs.

Die Schonfrist für Messel war jedoch nur von kurzer Dauer. 1987 zerbrach das rot-grüne Bündnis, und Neuwahlen führten zu anderen politischen Konstellationen. Die neue Regierung unter Ministerpräsident Walter Wallmann wollte die Mülldeponie Grube Messel so rasch wie möglich in Betrieb nehmen.

Da verloren auch die eher friedfertigen Wissenschaftler langsam die Geduld. Der Vorsitzende der Deutschen Paläontologischen Gesellschaft, Professor Dr. Dietrich Herm (München), schrieb in einem Brief an

Der isolierte Kopf mit Gefiederresten stammt von einem Verwandten der Seriemas. Moderne Vertreter dieser Vögel leben heute noch in Südamerika.

den Hessischen Ministerpräsidenten: „Die Bedeutung von Messel für die Paläontologie ist etwa mit der Bedeutung von Pompeji für die klassische Archäologie gleichzusetzen." Herm warnte davor, dieses Denkmal von Weltrang den kurzfristigen Interessen einer einzigen Generation zu opfern. Die Paläontologen kritisierten vor allem, daß die Verantwortlichen niemals ernsthaft Alternativen zum Standort Messel geprüft hätten. Sie bekamen nun immer mehr Unterstützung: Viele Universitäts-und Forschungsinstitute, Naturkundevereine und Aktionsgemeinschaften schlossen sich dem Protest an; international anerkannte Wissenschaftler von Yale und Berkeley, von der Sorbonne, der ETH Zürich und anderen renommierten Universitäten äußerten ihr Befremden darüber, daß eine Kulturnation wie die deutsche ein solches „Naturwunder" wie die Grube Messel unter Müll verschwinden lassen wollte.

Auch in der Presse fand das Thema immer kräftigere Resonanz. „Hessens Müll erdrückt die Urpferdchen", „Von der Fundgrube zur Müllgrube", „Als ob Pompeji zur Müllgrube würde" hießen die Schlagzeilen. Ein Blatt fragte gar, ob man das Kürzel BRD künftig als „Banausenrepublik Deutschland" deuten müsse – und sprach damit ein Kernproblem an. Ganz gewiß würde es viel Geld kosten, die schon zu einem guten Teil zur Deponie verbaute Grube in einen „grabungsfähigen" Zustand zu versetzen. Ganz sicher müßte man Millionen aufwenden, um die Hänge zu sichern und weiterhin das Wasser abzupumpen. Aber, so fragten kritische Beobachter, sollte sich die reiche Bundesrepublik die Erhaltung einer solch einzigartigen Fundstelle wirklich nicht leisten können? Gerade eben hatte ein einzelnes Bundesland für das Evangeliar Heinrichs des Löwen einen zweistelligen Millionenbetrag auf den Tisch des Auktionators geblättert. „Man könnte meinen", so Senckenbergs Grabungsleiter Dr. Stephan Schaal, „daß in unserer Gesellschaft der Sinn für Naturschätze unterentwickelt ist, sofern sie sich nicht ausbeuten lassen."

Die herbe Kritik brachte Bewegung in die Diskussion. Der Landkreis Darmstadt untersuchte Standort-Alternativen für eine Hochdeponie, eine davon unmittelbar neben der Grube Messel. Bei dieser Lösung könnte man die Verlade-Einrichtungen für die fast fertige Deponie in der Grube nutzen und damit wenigstens ein paar von jenen 60 Millionen Mark retten, die sie gekostet hat. Dennoch wäre im Januar 1988 die Mülldeponie wohl in Betrieb gegangen, hätte nicht das Hessische Verwaltungsgericht wenige Monate zuvor in einem Eilverfahren auf Antrag der Gemeinde Messel den Planfeststellungsbeschluß wegen formaler Mängel für ungültig erklärt.

Die letzte Gefahr für die weltberühmte Fundstelle schien gebannt, als Umweltminister Karlheinz Weimar und Wirtschaftsminister Wolfgang Gerhardt am 12. Februar 1990 verkündeten: Die Grube Messel ist als Mülldeponie endgültig vom Tisch und bleibt ganz der paläontologischen Grabung vorbehalten. Das alte Deponie-Konzept entspreche nicht mehr dem Stand der Technik, Nachbesserungen könnten bis zu 300 Millionen Mark kosten. Statt dessen werde am Rand der Grube eine Haldendeponie errichtet.

Der Pferdefuß bei der Geschichte blieb fast unbemerkt: In der Grube sollen künftig „Wertstoffe" abgelagert werden – im Klartext: Bauschutt und vor allem Schlacken aus Müllverbrennungsanlagen. Als Vorschüttung sollen sie die Hänge vor dem Abrutschen sichern – und so die Grabungsarbeiten der Wissenschaftler sicherer machen.

Die aber fürchten dieses Danaer-Geschenk. Denn überall dort, wo die wertlosen Wertstoffe landen, verlieren die Paläontologen jeglichen Zugriff. Und 50 Meter unter der Grundwasserlinie wird auch „veredelte" Schlacke zum Sicherheitsrisiko. So muß man bezweifeln, daß sich der scheinbar so elegante Schachzug der hessischen Landesregierung auch vor den kritischen Augen unserer Enkel sehen lassen kann.

Messel im Museum

Paläontologie für alle

Fossilfunde aus der Grube Messel sind ziemlich rar – viel seltener jedenfalls als Versteinerungen aus dem Schwarzen Jura von Holzmaden oder aus den Solnhofener Plattenkalken. Findet man diese in allen größeren Naturkundemuseen der Bundesrepublik (und darüber hinaus), so ist es vergleichsweise schwierig, an Fossilien aus der Fundgrube bei Darmstadt heranzukommen – zumal sich auch noch viele kostbare Stücke in Privatbesitz befinden.

Messel-Fossilien von hervorragender Qualität zeigt die naturkundliche Abteilung des Hessischen Landesmuseums in Darmstadt. Gut verständliche Texte beschreiben die ansprechend präsentierten Fossilien, darunter viele einzigartige Spitzenstücke. Zu dieser Dauerausstellung, die aus einer ehemaligen Sonderausstellung hervorging, gibt es auch einen sehr empfehlenswerten Führer.

Mitte der siebziger Jahre machte eine Messel-Ausstellung des Frankfurter Senckenberg-Museums viele Besucher erstmals in großem Umfang mit den fossilen Schätzen aus der Ölschiefergrube bekannt. Zwar steht sie heute noch; doch leider ist sie nicht mehr aktuell; außerdem sind mittlerweile viele schöne und wichtige Stücke zur wissenschaftlichen Bearbeitung entnommen worden. Senckenberg soll jedoch eine völlig neue Messel-Ausstellung vorbereiten, die dann auch die Ausgrabungsergebnisse und die wissenschaftlichen Fortschritte des letzten Jahrzehnts widerspiegeln wird.

Die derzeit vielleicht aktuellste Übersicht über das Eozän von Messel wird im Staatlichen Museum für Naturkunde in Karlsruhe zu sehen sein. In einer Sonderausstellung präsentiert das Museum ab Ende 1991 eine Fülle vorzüglicher Fossilien aller bisher gefundenen Tier- und Pflanzengruppen und ordnet sie den einzelnen Lebensräumen im ehemaligen See von Messel und seiner Umgebung zu. Dabei sind auch die aktuellsten wissenschaftlichen Ergebnisse berücksichtigt. Diese Schätze werden später in die Dauerausstellung des Karlsruher Museums übernommen. Damit kann sich der interessierte Besucher hier auch in Zukunft einen repräsentativen Überblick über die Tiere und Pflanzen des eozänen Sees von Messel verschaffen.

Mittlerweile gibt es auch in vielen kleineren Sammlungen – zum Beispiel im Museum für Naturkunde der Stadt Freiburg i. B. in der Gerberau – einzelne Messel-Fossilien zu sehen.

Erfreulicherweise hat der Fundort selbst ebenfalls sein kleines Messel-Museum, das man nach telefonischer Vereinbarung jederzeit besichtigen kann: Im Rathaus von Messel bekommt der Besucher anhand vieler Originale und guter Abgüsse grundlegende Informationen über die Fundstelle. Von hier werden, wiederum nach Vereinbarung, auch Führungen in die Grube Messel angeboten – für Nicht-Wissenschaftler die einzige Möglichkeit, die weltberühmte Fossilfundstelle selbst kennenzulernen.

Museen mit Messel-Fossilien

Hessisches Landesmuseum
Friedensplatz 1
6100 Darmstadt

Senckenberg-Museum
Senckenberganlage 25
6000 Frankfurt/Main

Staatliches Museum für Naturkunde
Erbprinzenstraße 13
7500 Karlsruhe

Messel-Museum
Rathaus
6101 Messel

Macrocranion ist der Name dieses etwa 25 Zentimeter großen Insektenfressers. Er gehört mit seinen fortschrittlichen Skelettmerkmalen zu den moderneren Formen dieser Gruppe.

Literatur zum Thema

Behnke, Eikamp, Zollweg: Die Grube Messel. Korb 1986
Franzen, Michaelis (Hrsg.): Der eozäne Messelsee – Eocene Lake Messel.
Courier Forschungsinstitut Senckenberg Nr. 107. Frankfurt am Main 1988
Heil, v. Koenigswald, Lippmann, Graner, Heunisch:
Fossilien der Messel-Formation. Darmstadt 1987
Koenigswald, W. v.: Fossillagerstätte Messel. Literaturübersicht der Forschungsergebnisse
aus den Jahren 1969–1979. Geol. Jb. Hessen 108. Wiesbaden 1980
v. Koenigswald, Michaelis: Fossillagerstätte Messel. Literaturübersicht der Forschungsergebnisse
aus den Jahren 1980–1983. Geol. Jb. Hessen 112. Wiesbaden 1984
Krumbiegel, Rüffle, Haubold: Das eozäne Geiseltal.
Die Neue Brehm-Bücherei. Wittenberg Lutherstadt 1983
Richter, G.: Untersuchungen zur Ernährung eozäner Säuger aus der Fossilfundstätte Messel
bei Darmstadt, in: Courier Forschungsinstitut Senckenberg Nr. 91. Frankfurt 1987
Schaal, Ziegler (Hrsg.): Messel – ein Schaufenster in die Geschichte der Erde und des Lebens.
Senckenberg-Buch Nr. 64. Frankfurt am Main 1988
Storch, G.: Die Säuger von Messel: Wurzeln auf vielen Kontinenten, in: Spektrum der Wissenschaft 1986, H. 6

Herkunft der abgebildeten Fossilien

Dr. Gerhard Jores, Darmstadt: Seite 73, 99.
Staatliches Museum für Naturkunde, Karlsruhe: Seite 6, 19, 22, 26, 27 o. l., 27 u. r., 31 bis 40,
42, 43, 44 u., 45 bis 61, 65 bis 68, 76 bis 89, 103.
Private Sammlung: 27 o. r., 29, 41, 44 o., 113.
Private Sammlung: Seite 91, 105.
Private Sammlung: Seite 62.
Senckenberg-Museum, Frankfurt: 10, 11, 28, 63, 74.

Bildnachweis

Luftbild Temlitz, Wiesbaden: Seite 9.
Griener, Volker, Karlsruhe: Seite 6, 19, 22, 26, 27, 29, 32, 35 bis 62, 65 bis 68, 76 bis 81, 85,
87, 89, 91, 93, 95, 97, 100 bis 113, Umschlag.
Jores, Thorsten, Darmstadt: Seite 73, 99.
Okapia, Frankfurt: Seite 96 u., 98.
Paysan, Stuttgart: Seite 84.
Rietschel, Siegfried, Karlsruhe: Seite 26, 83.
Schaarschmidt, Friedemann, Frankfurt: Seite 10, 11, 28, 63, 74.
Schuppiser, Rolf-Heinz, Karlsruhe: Seite 31, 33.
Silvestris/Konrad Wothe, Kastl (Obb.): Seite 72 u.
Stelzner, Georg, Frankfurt: Seite 66 o., 72 o., 85 o., 96 o.
Weißbrodt, Werner / Foto: *Volker Griener,*
Karlsruhe: Seite 14/15.
Wolf, Hans W., Leinfelden: Seite 21, 23.
Wothe, Konrad, München: Seite 103 r.
Die Fotos auf dem Einband zeigen auf der Vorderseite: *Amphiperca multiformis.*
Auf der Rückseite: Großes Messeler Urpferd (*Propalaeotherium hassiacum*).

Typografisches Konzept, Layout und Einbandgestaltung: Gerd Gücker, Braunschweig.

Hans W. Wolf, geboren 1944 in Heidenheim/Brenz, arbeitete nach seiner Ausbildung zum Verlagsbuchhändler in verschiedenen Verlagen. Seit 1969 ist er Redakteur bei „Kosmos“. Seine Arbeitsschwerpunkte sind Naturschutz, Ökologie, Astronomie und Paläontologie.